感謝您購買旗標書，
記得到旗標網站
www.flag.com.tw
更多的加值內容等著您…

<請下載 QR Code App 來掃描>

● FB 官方粉絲專頁：旗標知識講堂

● 旗標「線上購買」專區：您不用出門就可選購旗標書！

● 如您對本書內容有不明瞭或建議改進之處，請連上旗標網站，點選首頁的 聯絡我們 專區。

若需線上即時詢問問題，可點選旗標官方粉絲專頁留言詢問，小編客服隨時待命，盡速回覆。

若是寄信聯絡旗標客服 email，我們收到您的訊息後，將由專業客服人員為您解答。

我們所提供的售後服務範圍僅限於書籍本身或內容表達不清楚的地方，至於軟硬體的問題，請直接連絡廠商。

作　　者／Meiko 微課頻道

發 行 所／旗標科技股份有限公司

台北市杭州南路一段15-1號19樓

電　　話／(02)2396-3257(代表號)

目錄

Excel × ChatGPT 上班族一定要會的 AI 工作術

Excel × ChatGPT 上班族一定要會的 AI 工作術

Meiko 在微課頻道跟大家分享了很多辦公室軟體的應用技巧，但是同學們在工作上，難免還是會遇到一些疑難雜症，當你抓破頭，找不到解決方式時，可以嘗試問問 ChatGPT，而這時，ChatGPT 能不能提供你精準的回答，就看你提問的功力囉，這本手冊，Meiko 希望你能學會掌握使用 ChatGPT 的技巧，讓它成為你職場上的好夥伴，讓 ChatGPT 成為 Excel 好夥伴之前，先簡單了解一下 ChatGPT。

註：以下範例大多使用 GPT-3.5 模型，有部分比較會使用到 GPT-4 模型，針對 GPT-4 模型會特別標註。

ChatGPT 特色與限制

- **關於記憶**：在單一對話中，ChatGPT 可以理解和記住對話的上下文，並可以在這個範圍內進行回應。
- **關於回答的字數限制**：GPT-3.5 的模型回答字數有限制，大約 2000 多字，如果一個對話超過了這個限制，對話會被截斷或者分割。
- **關於知識庫**：所能提供的數據和知識範圍是截止到 2021 年 9 月的，GPT-4 也是，但近期訂閱戶開始可以使用 Plugins 外掛，開始可以具有互聯網的功能，也能開始詢問最近的資訊了。
- **關於支援的語言**：包括但不限於英語、西班牙語、法語、德語、意大利語、荷蘭語，以及中文…等。
- **關於模型**：GPT-3.5 模型可以免費使用，而 GPT-4 是需要支付費用的，GPT-4 比 GPT-3.5 更強大，因為它使用了更多的訓練數據，模型大小也更大，所以可以提供更長的回答。如果您需要更準確的回答，或是需要處理更複雜的問題，會建議使用 GPT-4。
- **關於 ChatGPT 外掛**：付費用戶 GPT-4 模型的用戶，可以享有安裝 GPT 外掛的功能，這些外掛可以針對某一項功能再提升，讓整體使用效率大增，而這些外掛每一天都在一直不斷的增加中。

SECTION 2

如何使用 ChatGPT

角色扮演法，一個角色一個聊天室

ChatGPT 除了回答我們給它的問題之外，你也可以針對每一個聊天室，設定一個專屬的角色扮演，當 ChatGPT 進入角色後，他就能理解這個角色的應該具備的知識，使用更專業的方式來回答我們所提問的問題。

例如：當我們希望它可以扮演一位 Excel 函數專家時，你可以這樣幫它設定角色。

> 請扮演一位 Excel 函數專家，擅長 Excel 公式撰寫，提供我公式語法與範例說明，接下來的對話與解釋部分都以繁體中文顯示，這個規則適用之後的所有對話

例如：當我們希望它可以扮演一位專業的文字編輯專家，你可以這樣幫它設定角色。

> 請扮演一位專業的文字編輯專家，擅長整理文章的結構，組織段落與文本翻譯，從文章中提取關鍵字等，接下來的對話與解釋部分都以繁體中文顯示，這個規則適用之後的所有對話

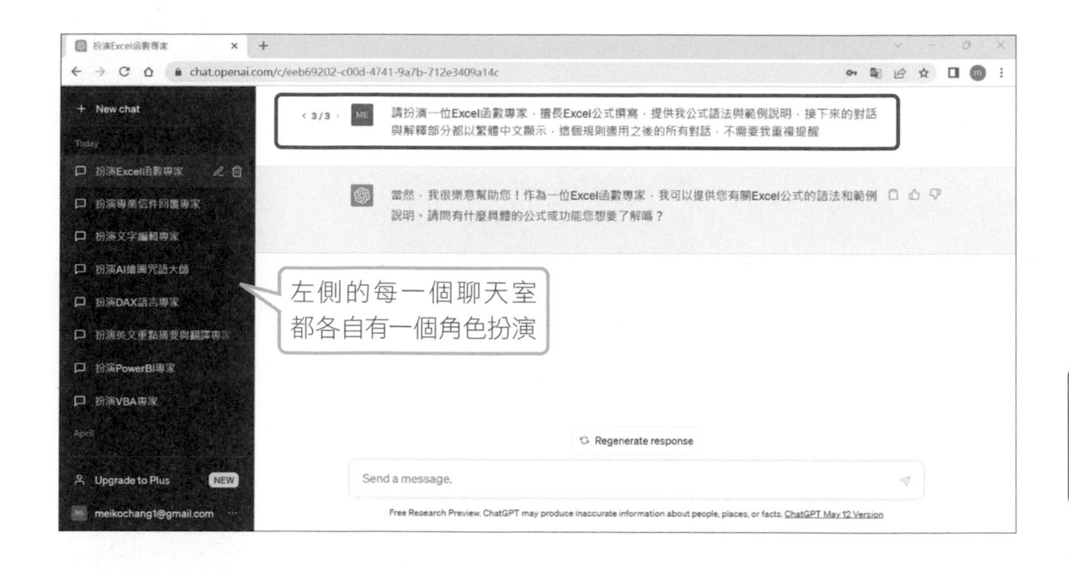

聊天紀錄管理

ChatGPT 的聊天紀錄預設會保存下來，而且可以延續之前的對話內容，繼續跟 ChatGPT 對談。您可以參考以下説明來管理這些聊天紀錄：

將聊天室存檔

如果聊天紀錄太多，覺得列表太長不好找，但又不想刪除紀錄，可將暫時用不到的聊天室收藏起來不顯示。請按下任一個聊天室右側的「Archive」按鈕，此聊天室就會保存起來，並從列表中消失。

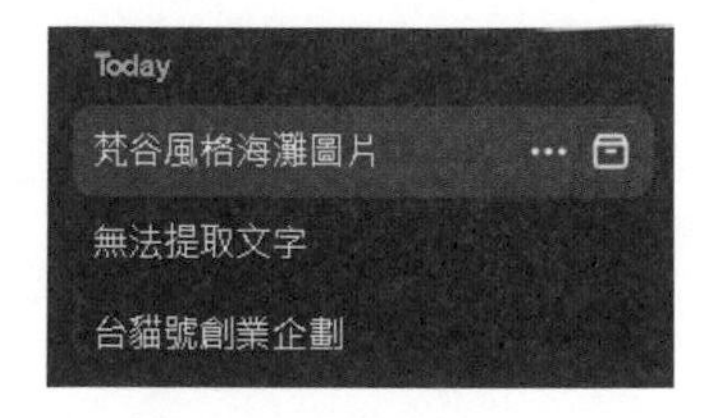

若想再次開啟此聊天室，可由左下角，使用者帳號進入，找到 Settings，從「Archived chats」內查找：

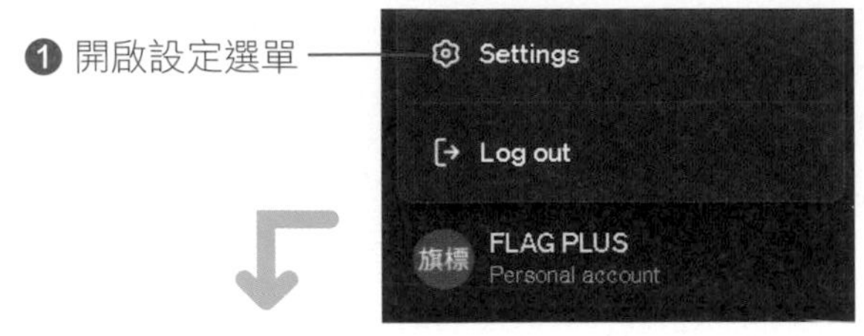

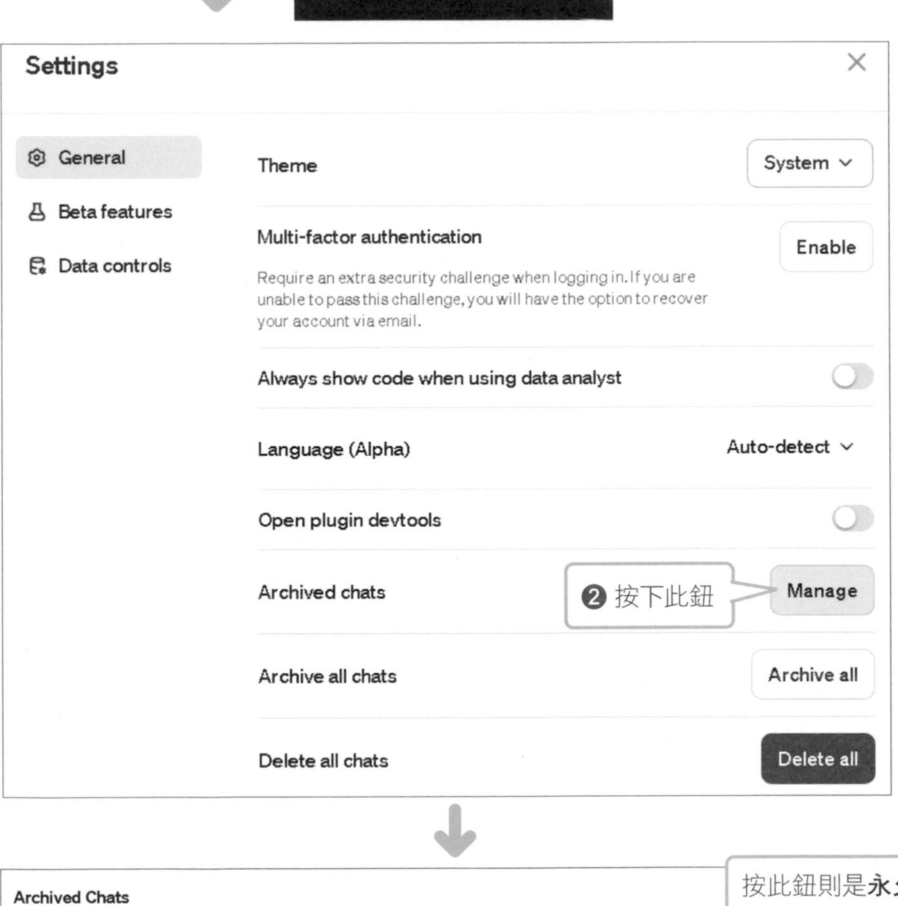

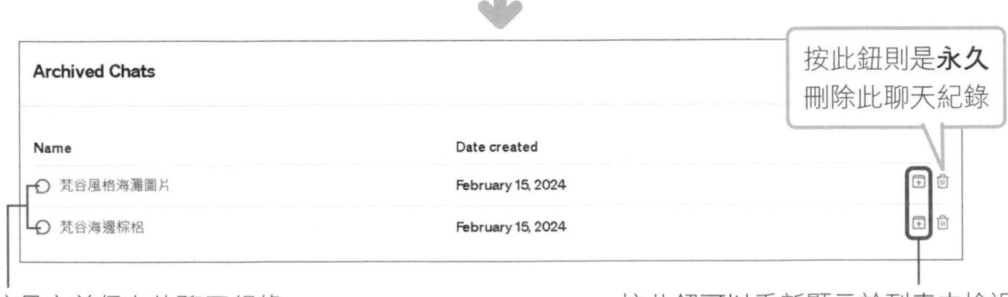

使用 ChatGPT 內建備份功能

另外，目前 OpenAI 尚未說明可以保留多少個聊天紀錄，為了以防萬一，如果對話內容很重要的話，可以保存到電腦。

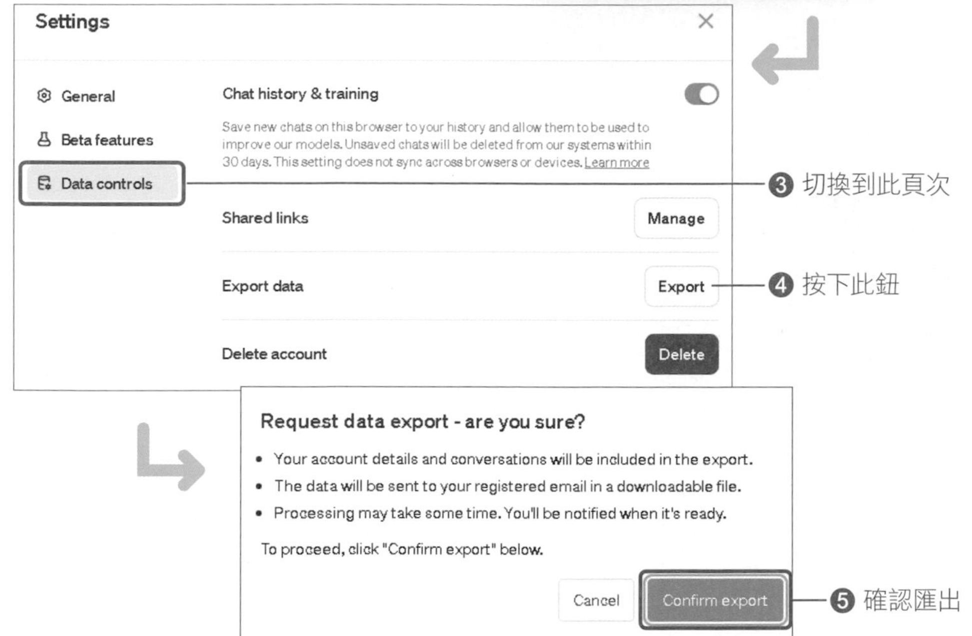

打開註冊 ChatGPT 的信箱，有一封標題為「ChatGPT - Your data export is ready」的信件，點選 **Download data export**。

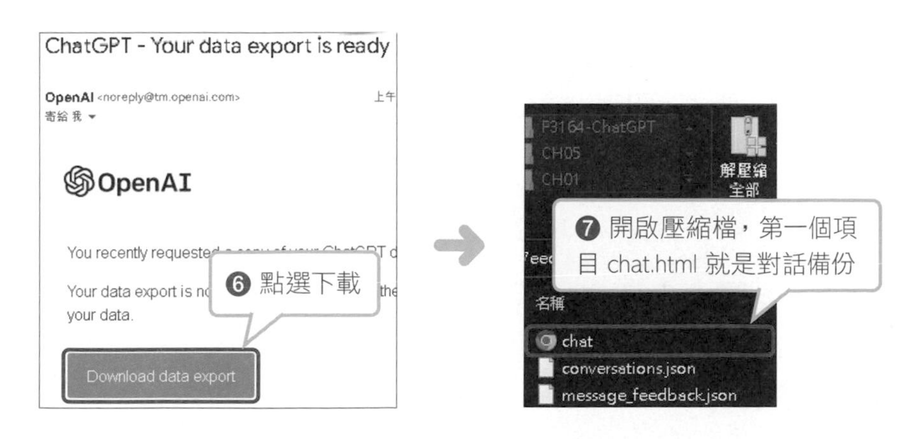

回答中斷可以請它繼續

如果使用的是 GPT-3.5 的模型，ChatGPT 回答的字數較短，約 2000 字左右，因此當你覺得它的回答有中斷的時候，我們可以在提問框內輸入「繼續」，它就可以再繼續回答你所提問的問題。

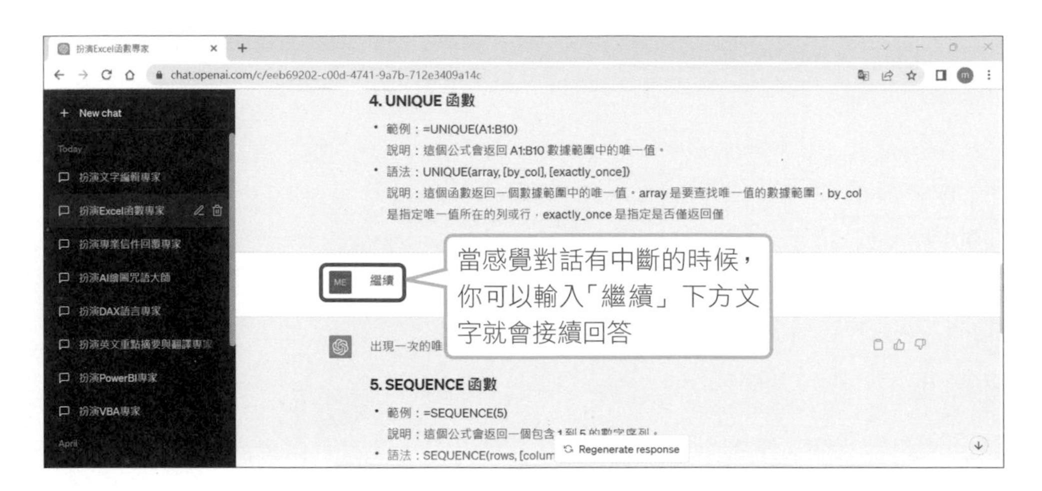

TIP

目前有提供「Continue generating」功能，按下按鈕就會接續回答，但極少數時候可能不會出現，多學一招以防萬一。

同樣的提問詞，ChatGPT 所回答的，不一定會一樣

同學們若使用 Meiko 之後單元所提到的提問詞提問時，ChatGPT 不見得會進行相同的回答唷，函數部分它可能會使用差不多功能的函數給你，解釋上面也有可能有些變化，但最終的目的應該會是一樣的。

給予反饋請它再提供範例，或是濃縮一點，提供解釋

當 ChatGPT 回答太長的時候，你可以請它簡短一點，講重點就好，或是你可以請它濃縮精華，若它的回答你看不明白，你可以請它解釋，也可以複製外來的文字，讓它進行解釋。

可以再簡單一點的說明，並講重點就好

當然，以下是 COUNT 和 COUNTA 函數的簡單說明和重點：

- COUNT 函數用於計算範圍內數字的個數，只計算數字。
- COUNTA 函數用於計算範圍內所有非空儲存格的個數，包括數字、文字和錯誤值。

重點：

- COUNT 函數僅計算數字的個數。
- COUNTA 函數計算所有非空儲存格的個數，不論其內容是數字、文字還是錯誤值。

簡而言之，COUNT 函數計算數字個數，而 COUNTA 函數計算所有非空儲存格的個數。根據您的需求，選擇適合的函數即可。

可以強制中斷並進行題目修改

當你發現它的回覆不是你想要的結果，你可以按下輸入框右方的停止圖示，就會停止回話了。

計數的函數有哪些？

計數是統計學中一個重要的概念，常用的計數函數有以下幾種：

1. COUNT：計算資料集中非空單元格的數量。
2. COUNTA：計算資料集中非 ●

Message ChatGPT...

ChatGPT can make mistakes. Consider checking important information.

接著，你可以點按你所提問的問題下方的這支筆，進行「提問詞」的修改，修改之後，再按下「Save & Submit」按鈕，這樣 ChatGPT 就會重新檢視你的提問，並進行回答，而且針對這則提問的左側，將會出現頁面編號。

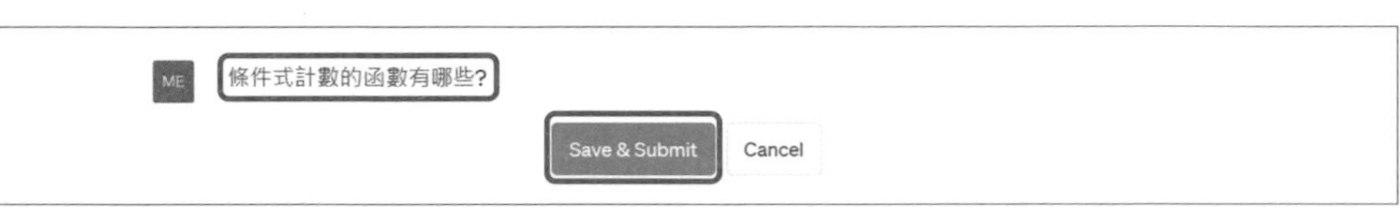

修改之後，針對這則訊息開始，就可以產生分頁，可以前後對照參考回答的結果。

2/2 表示：第 2 頁 / 共 2 頁的意思

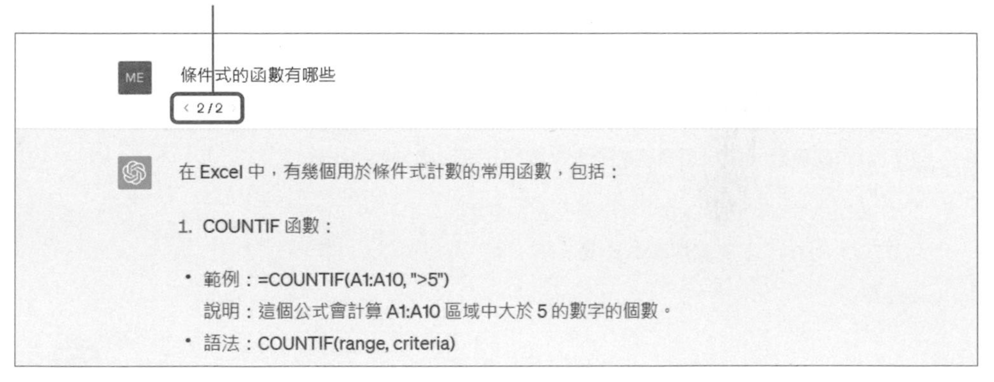

一定要驗證提供的資訊或作法是否正確

記得：ChatGPT 不管是哪一個模型所提供的回饋不一定準確，針對回答的內容建議要進行驗證，而 Excel 的驗證方式，最簡單的作法就是實際操作一遍它所提供的解法，立刻就可以知道正不正確了。

ChatGPT 的註冊與升級

申請註冊 ChatGPT 帳號

ChatGPT 自開放註冊以來，短短兩個月就已經突破上億個用戶，打破所有網路服務的紀錄。本節我們就帶你加入並熟悉 ChatGPT 的世界，筆者也會分享自己的使用心得供你參考。

創建帳號

STEP 01 首先請連到 ChatGPT 官網 "https://openai.com/blog/chatgpt"，按下「**TRY CHATGPT**」，再點選「**Sign up**」。

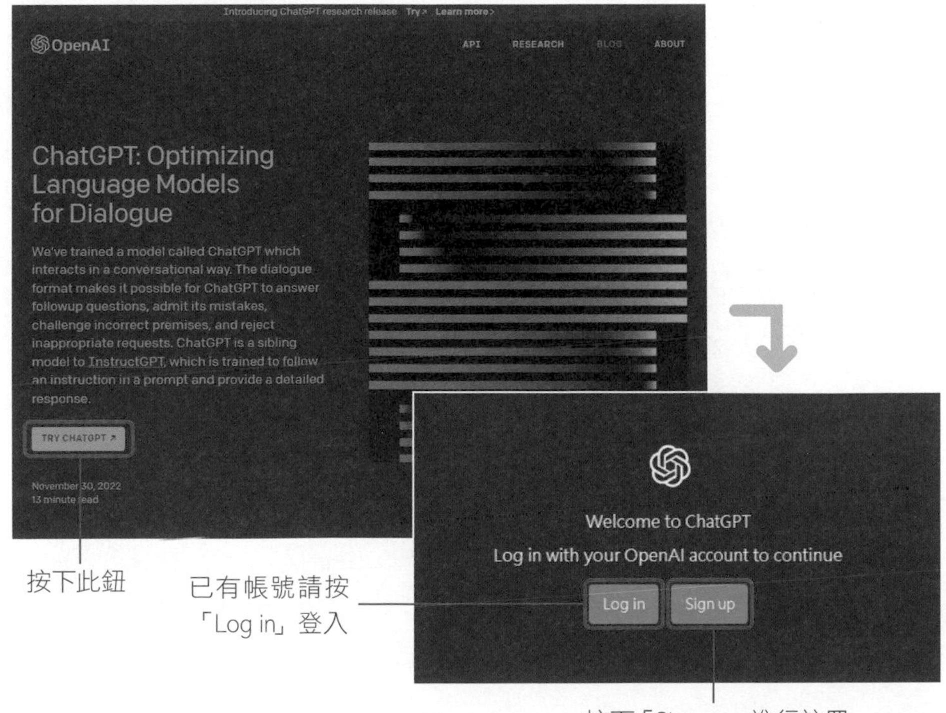

接下來就會顯示建立帳戶的畫面，這邊會分成兩個方法說明。

Google、Microsoft 帳號快速註冊

如果你有 Google 或 Microsoft 帳戶，可以點擊下方選項快速建立帳戶。筆者以 Google 帳號登入示範。

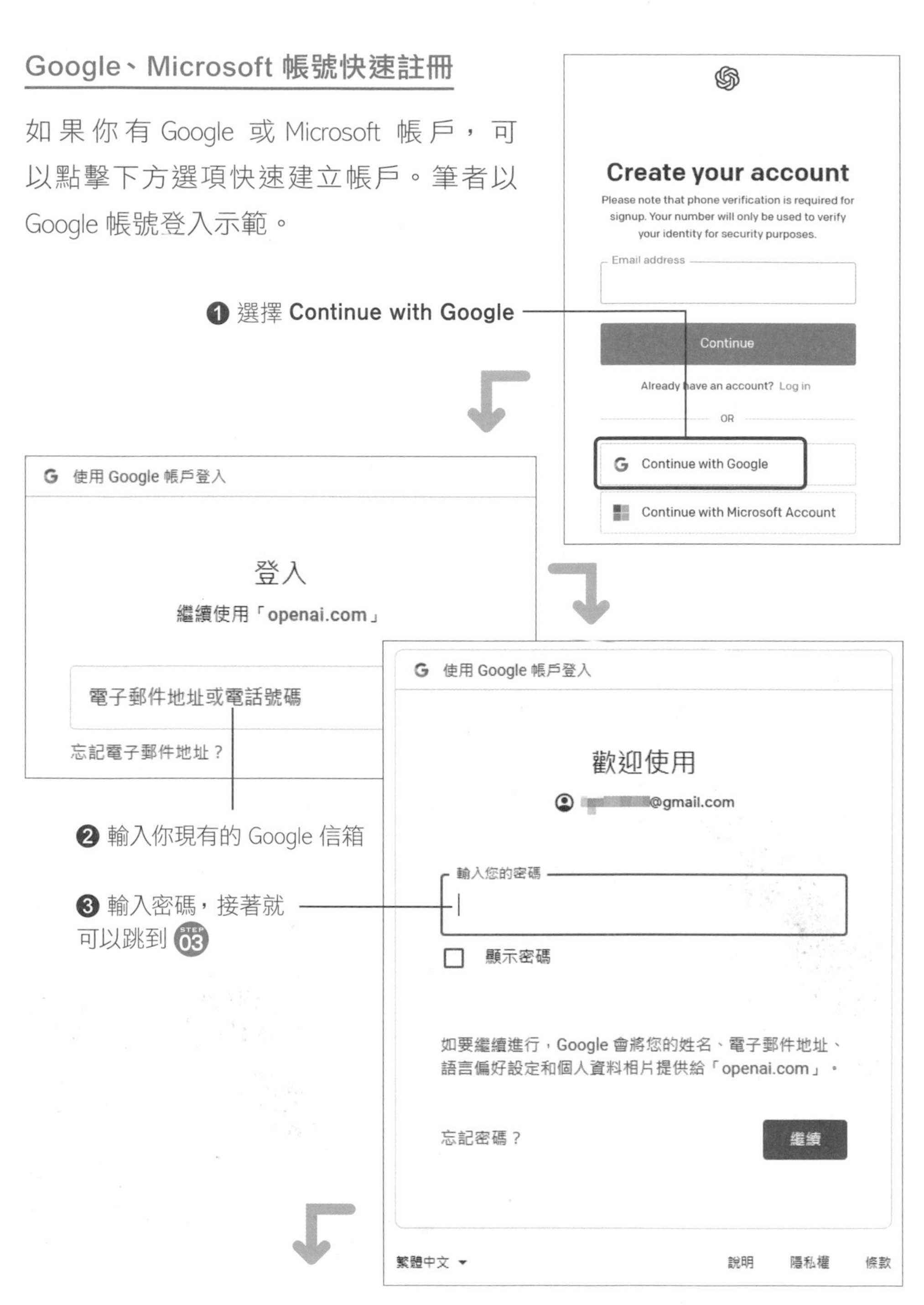

使用電子信箱註冊

這邊也一併提供使用電子信箱建立新帳號的方法：

Create your account

Please note that phone verification is required for signup. Your number will only be used to verify your identity for security purposes.

Email address

Continue

Already have an account? Log in

OR

Continue with Google

Continue with Microsoft Account

❶ 輸入電子信箱（使用 Gmail 信箱當然也可以）

Create your account

Please note that phone verification is required for signup. Your number will only be used to verify your identity for security purposes.

lgc▒▒▒@gmail.com　Edit

Password

Your password must contain:

✓ At least 8 characters

Continue

Already have an account? Log in

❷ 輸入你想要設定的密碼，注意要至少 8 個英數字

Verify your email

We sent an email to lgc199512@gmail.com.
Click the link inside to get started.

Open Gmail

Resend email

❸ 按下「**Open Gmail**」，系統會帶你到 Gmail 頁面

STEP 03 輸入你的姓名，名稱不會出現在畫面上，不過名稱的縮寫會是預設的用戶圖示。

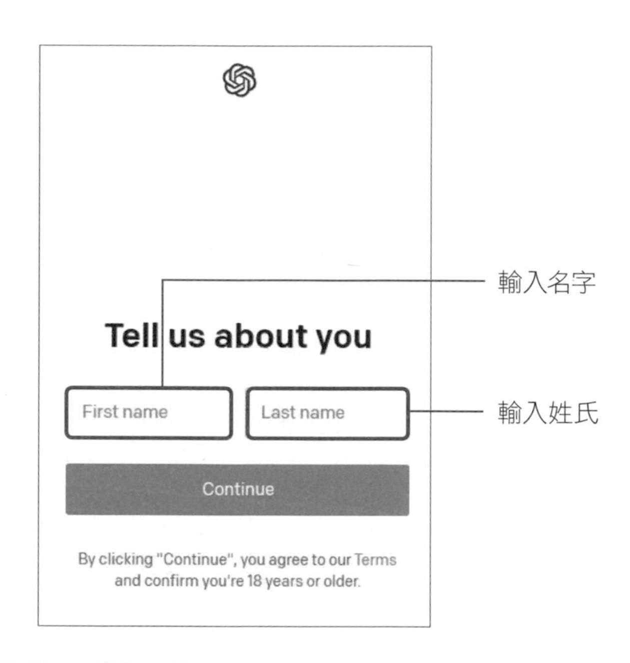

TIP

過程中可能不定時會出現 **Verify you are human** 提示畫面，確認是真人在進行操作，請直接按下按鈕即可。

STEP 04 進行手機號碼驗證，選擇 **Taiwan(台灣)** 之後輸入手機號碼，注意手機號碼開頭不需要「0」，只要輸入 0 之後的 9 個數字就好。最後系統會寄一封顯示「六位數驗證碼」的簡訊到你的手機裡，輸入驗證碼就註冊完成了。

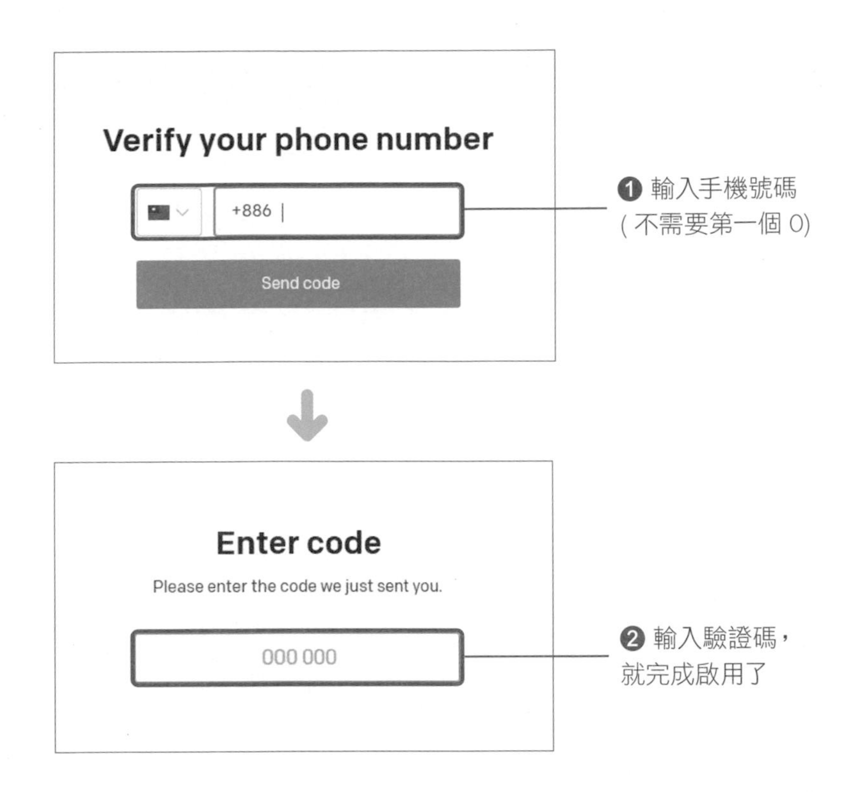

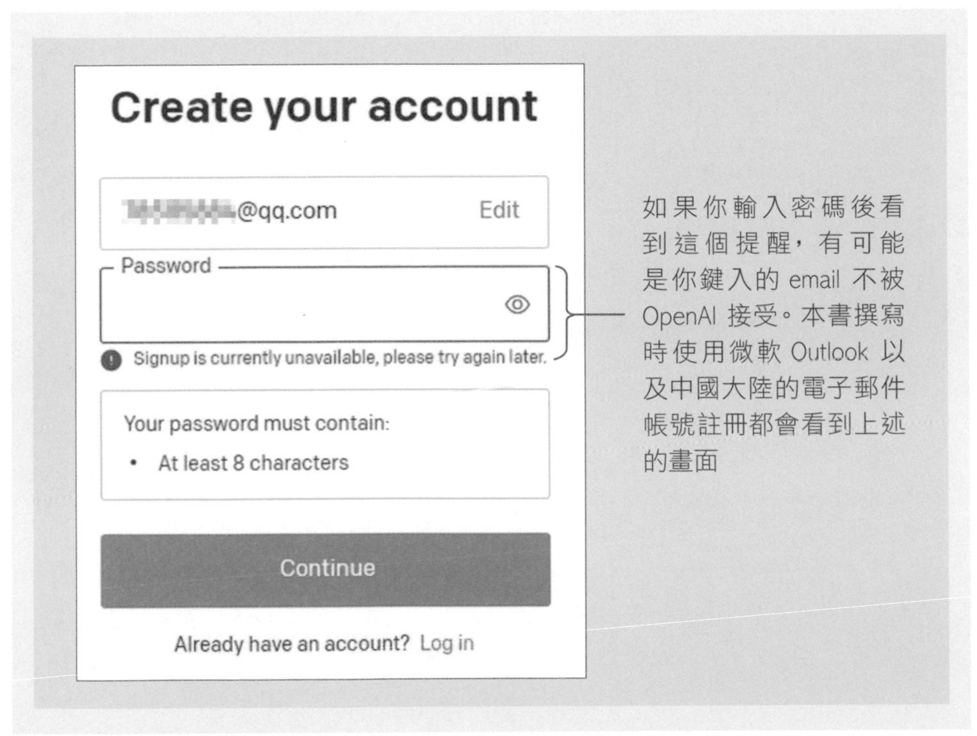

如果你輸入密碼後看到這個提醒，有可能是你鍵入的 email 不被 OpenAI 接受。本書撰寫時使用微軟 Outlook 以及中國大陸的電子郵件帳號註冊都會看到上述的畫面

付費升級 ChatGPT Plus 帳號

由於 ChatGPT 的用戶成長太迅速，OpenAI 官方也火速在 2023 年 2 月 1 日就推出付費版的 ChatGPT Plus 服務，每個月收費 20 美元 (約台幣 600 元)。

根據 OpenAI 公開的資訊，ChatGPT Plus 與免費的 ChatGPT 差別在於：

- 不受限於尖峰使用時段，任何時間都可以比較順暢使用。
- 回覆速度較快。
- 如果未來 GhatGPT 有新功能，可以優先使用。
- 可安裝官方外掛 Plugins。
- 可以連上網找資料。
- 對於 Excel 相關函數與 VBA 回饋更貼切。

依照筆者的使用經驗，升級 ChatGPT Plus 後，對話的速度確實快了不少，免費版都是一個字一個字出現，付費版則是一行一行出現，操作體驗有明顯提升，對於 ChatGPT 的重度使用者來説，還滿值得投資的。

更重要的是，可以優先享用新功能，像是剛推出不久的 GPT-4，就先開放 ChatGPT Plus 使用者優先使用，只不過使用上有流量限制，至 2023 年 4 月為止，**限制每 3 小時只能發話 25 次**。官方表示會隨著需求調整，因此使用上限可能都會有所變化。

ChatGPT Plus 申請教學

開通 ChatGPT 後，可以參考本節的說明升級到 ChatGPT Plus，目前多數時候都沒有申請限制，但筆者有遇到過管制升級人數的限制，若出現無法申請的狀況，請隔一陣子再申請。

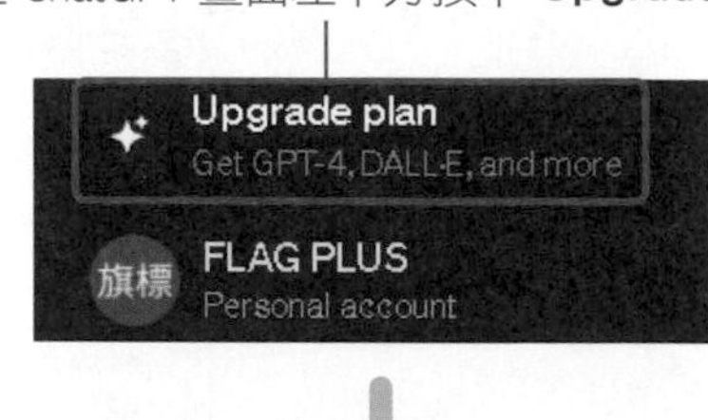

❷ 按下右邊 **Upgrade to plus**
（提醒：費用為每月 20 美元）

這是團隊方案，適合多人共用
（費用為每月 25 美元）

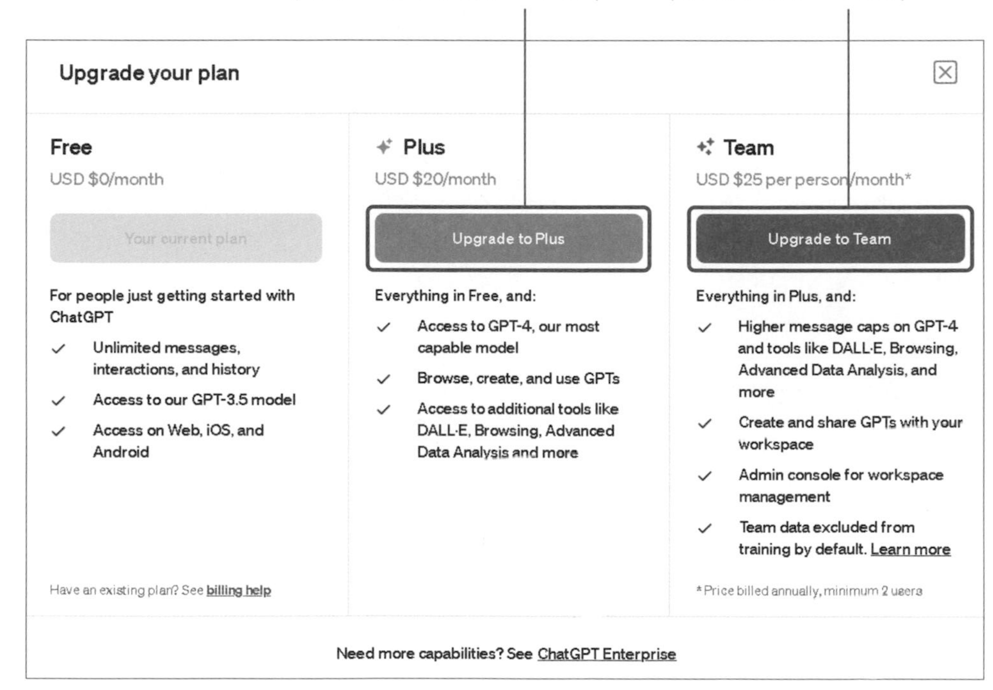

升級完成再登入 ChatGPT 一次，背景多了 PLUS 這個字之外，上方有多種 Model 選項可做選擇：

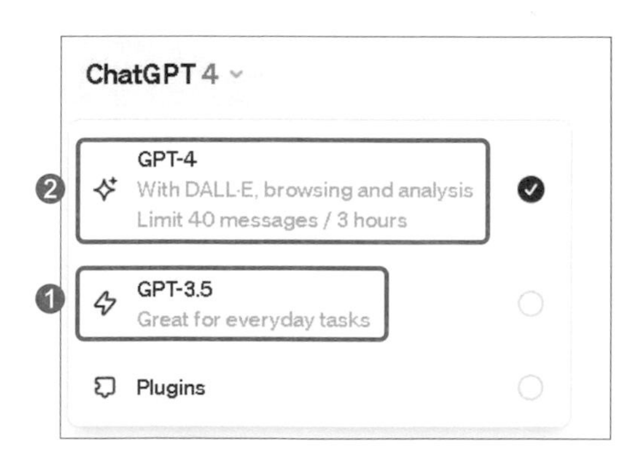

1. **GPT-3.5**：雖然都是 GPT-3.5 模型，但根據官方説法，回覆速度會比免費版快。

2. **GPT-4**：現今最新的模型，目前僅開放給 PLUS 用戶使用，並提供上網查資料和官方外掛，後續單元會介紹。

取消訂閱 ChatGPT Plus

ChatGPT Plus 帳戶是每月扣款，這邊也一併交代取消訂閱的方法，在 ChatGPT 對話視窗的左下角，點選 **My plan** 之後會挑出帳戶資訊，再點選下方的 **Manage my subscription**。

最後會帶到付款資訊的頁面，點選右方的「取消計畫」就完成了。

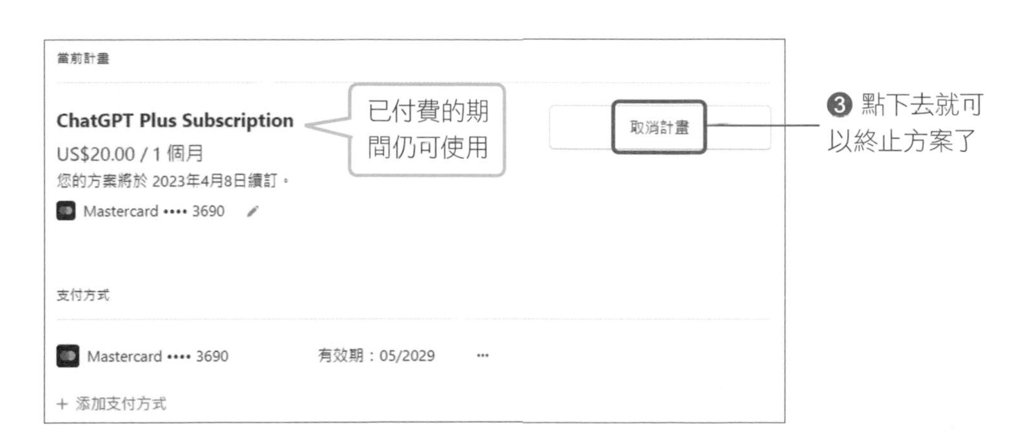

SECTION 4

ChatGPT X Excel，如何提升你的提問能力

辦公室應用實際範例，當你遇到類似問題時，該如何跟 ChatGPT 溝通我們的需求。

如何請 ChatGPT 教我函數

針對特定函數的問題提問

如果你對函數不陌生，你可以這樣提問：

> 我想學習 vlookup 函數，你能用簡單的語言解釋原理讓我知道嗎？

這時你會獲得比較專業的回答結果：

當然！VLOOKUP 函數是一個在 Excel 中廣泛使用的查找函數，用於在一個範圍（稱為查找表）中根據指定的查找值找到對應的值。

VLOOKUP 函數的基本原理如下：

1. 語法：VLOOKUP(lookup_value, table_array, col_index_num, [range_lookup])
   - lookup_value：要查找的值，也就是您想要在查找表中尋找的值。
   - table_array：查找表的範圍，包含要進行查找的資料。
   - col_index_num：返回值所在的欄位索引號，即從查找表中返回的值所在的欄位位置。
   - range_lookup（可選）：一個邏輯值，指定是否使用近似匹配。預設值為 TRUE，表示使用近似匹配；FALSE 表示使用精確匹配。
2. VLOOKUP 函數會根據 lookup_value 在查找表的第一欄進行查找。
3. 一旦找到匹配的值，VLOOKUP 函數會返回對應的值，該值位於查找表的 col_index_num 所指定的欄位中。
4. 如果 range_lookup 為 TRUE 或省 Regenerate response 使用近似匹配，即查找表中的值不需要完全匹配 lookup_value。相反，它會尋找比 lookup_value 大但最接近它的值。

內容較硬較難懂

如果你對函數比較陌生，你可以這樣提問：

> 我是 Excel 的初學者，我想學習 vlookup 函數，你能用 15 歲聽得懂的方式解釋這個函數，以簡短方式說明

這時你會獲得比較具有實務面的回答結果：

我是Excel的初學者，我想學習vlookup函數，你能用15歲聽得懂的方式解釋這個函數，以簡短方式說明

當然！VLOOKUP 函數就像是在一本電話簿中尋找某人的電話號碼一樣。你提供了一個名字（查找值），然後 Excel 會在電話簿（查找表）中查找這個名字，並返回對應的電話號碼（值）。

這是 VLOOKUP 函數的簡單說明，其中的關鍵點如下：

- 查找值：你要找的名字（或任何你想要查找的東西）。
- 查找表：包含名字和對應電話號碼（或任何你要查找的資訊）的地方。
- 返回值：根據你提供的名字，Excel 找到對應的電話號碼（或其他資訊），並將其返回給你。

VLOOKUP 函數可以用於各種情況，例如查找學生的成績、查找產品的價格、查找客戶的地址等。希望這個簡單的解釋對你有所幫助！

內容較實務面，較容易理解

針對問題解決

例如：

> 我在使用 COUNTIF 函數時，出現了 "#NAME?"，你能幫忙解決嗎？

或者，

> 我想要計算 A1：A10 的總和，我應該用哪個函數？

針對學習建議

例如：

我是一個 Excel 初學者，你能推薦我一些必須學習的基本函數嗎？用簡短、簡單易懂的方式回答

或者，

你有什麼建議可以幫助我更有效地學習 Excel 函數？

我是一個Excel初學者，你能推薦我一些必須學習的基本函數嗎? 用簡短、簡單易懂的方式回答

當然！以下是一些您作為Excel初學者必須學習的基本函數：

1. SUM（總和）：用於計算一組數值的總和。例如：`=SUM(A1:A10)` 將計算 A1 到 A10 區域的數字總和。
2. AVERAGE（平均值）：用於計算一組數值的平均值。例如：`=AVERAGE(A1:A10)` 將計算 A1 到 A10 區域的數字平均值。
3. COUNT（計數）：用於計算一組數值的個數。例如：`=COUNT(A1:A10)` 將計算 A1 到 A10 區域中的數字個數。

你也可以跟 ChatGPT 指定你的 Excel 版本，請它提供對應版本的函數：

Excel365版本中，新增的動態函數有哪些

在Excel 365版本中，新增的動態函數有以下這些：

1. FILTER 函數：透過指定的條件篩選出數據並返回符合條件的數據。
2. SORT 函數：根據指定的列或行進行排序，並返回排序後的數據。
3. SORTBY 函數：根據指定的列或行以及排序條件進行排序，並返回排序後的數據。
4. UNIQUE 函數：返回一個數據範圍中的唯一值。
5. SEQUENCE 函數：生成一個指定大小和步長的序列。
6. RANDARRAY 函數：生成一個指定大小和分佈的隨機數組。
7. XLOOKUP 函數：在一個數據範圍中查找指定值，並返回匹配的值。
8. XMATCH 函數：在一個數據範圍中查找指定值，並返回匹配的索引。

在學習的過程中，你可以請 ChatGPT 提供範例與解釋，對哪裡不明白，你都可以提出提問。

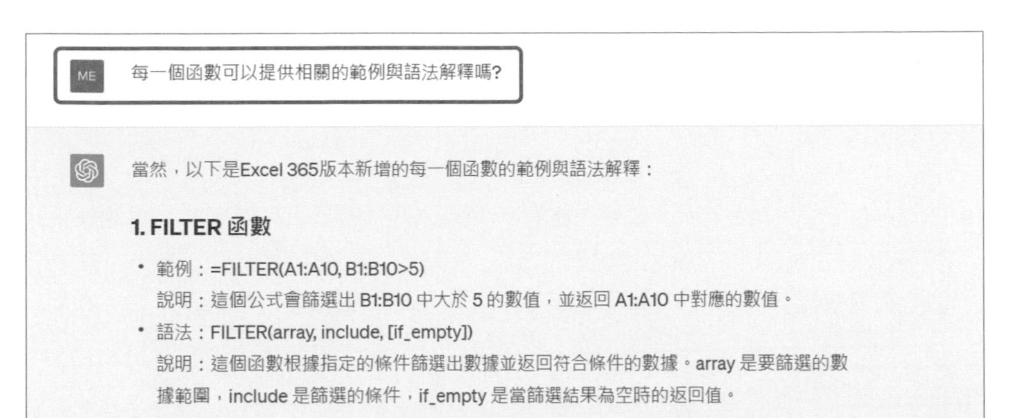

很多同學問過 Meiko，在 Filter 函數中，若有兩個條件須同時成立才能被篩選出來，要如何處理？這時，你問 ChatGPT，它也能很清楚的告訴你就是必須使用「相乘」的作法，就是把兩個條件值相乘，便能解決我們的疑問了，而且有些時候它所提供的解決方式還不只一種呢！

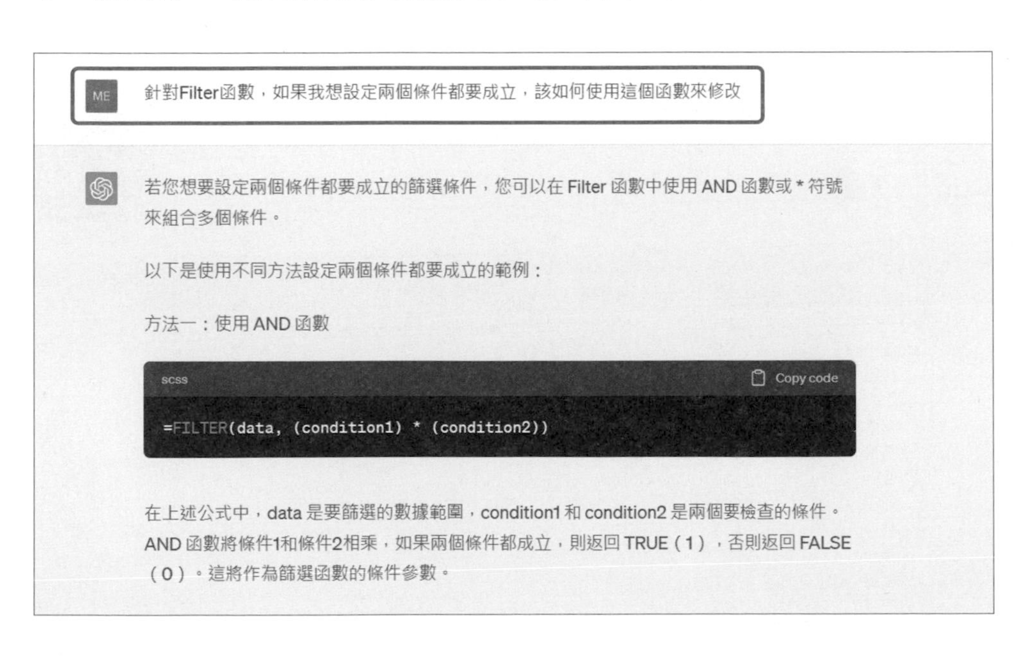

如何跟 ChatGPT 溝通我要的函數 (實例)

針對 Excel 提問的技巧

提供 Excel 公式 A 欄是產品；B 欄是數量，我要加總 A 欄產品為巧克力的數量有多少。

提供 Excel 公式 A 欄是產品；B 欄是數量，我要加總 A 欄產品為巧克力的數量有多少

你需要用甚麼工具處理

你要處理的位址

你要處理的條件和計算方式

分成三個部分：

- 第一：你要使用甚麼工具進行操作，例如：函數、VBA。
- 第二：你要計算的範圍，例如，哪一欄、哪一列，要在哪一個儲存格進行處理。
- 第三：你想要的計算方式：例如：分析、加總、篩選、保護…等。

範例 1：單一條件進行加總運算

題目：依下圖需求，求出產品為 " 巧克力 " 的數量有多少個？

(01:45)

	A	B	C	D	E
1	產品	數量		題目1：	
2	巧克力	351		提供Excel公式 A欄是產品；B欄是數量，我要加總A欄產品為巧	
3	洋芋片	179		克力的數量有多少	
4	餅乾	207			
5	口香糖	65		ChatGPT：	
6	燕麥棒	69		1874	
7	堅果	219			
8	豆干	185			
9	巧克力	274			
10	麵包	406			
11	優酪	355			
12	牛奶	327			
13	巧克力	201			
14	礦泉水	309			
15	氣泡水	87			

提問詞建議：

> 提供 Excel 公式，A 欄是產品；B 欄是數量，我要加總 A 欄產品為巧克力的數量有多少

註：由於台灣跟中國大陸地區對於欄（行）和列的說法剛好相反，因此要特別注意 ChatGPT 回覆內容是否符合你的範圍描述，若要比較保險不會弄錯，可以考慮使用英文：Column（欄位）、Row（列）。

在下面的範例，可以看得出來 GPT-3.5 沒有正確的判斷計算位置，僅以部分範圍為例，而 GPT-4 能正確判斷我們要的是整欄的範圍。

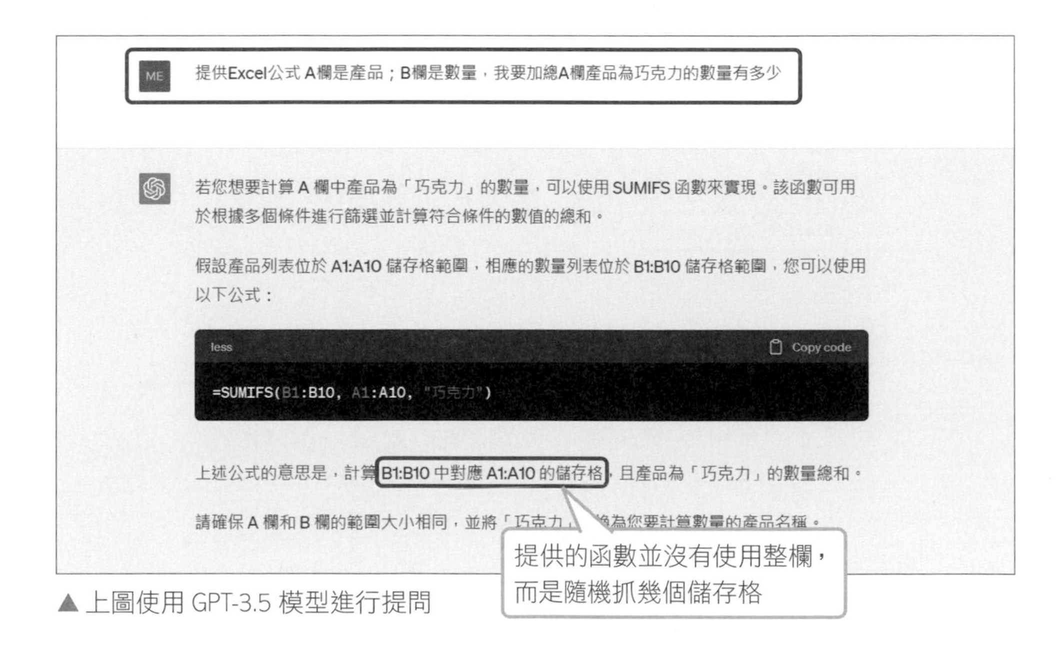

▲ 上圖使用 GPT-3.5 模型進行提問

GPT-3.5 提供的函數沒有問題，只是計算範圍，同學們得手動修改，使其包含所有要計算的範圍即可。

▲ 上圖使用 GPT-3.5 模型提供的函數進行計算

同樣的提問詞，在 GPT-4 模型下提問，得到的回饋更直覺，函數跟範圍都沒有問題，不需要手動修改。

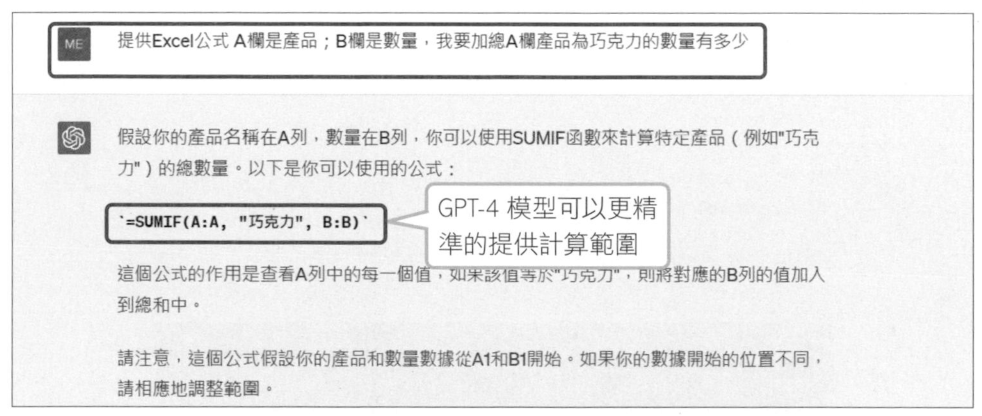

▲ 上圖使用 GPT-4 模型提問，GPT-4 的模型，ChatGPT 的圖示為紫色

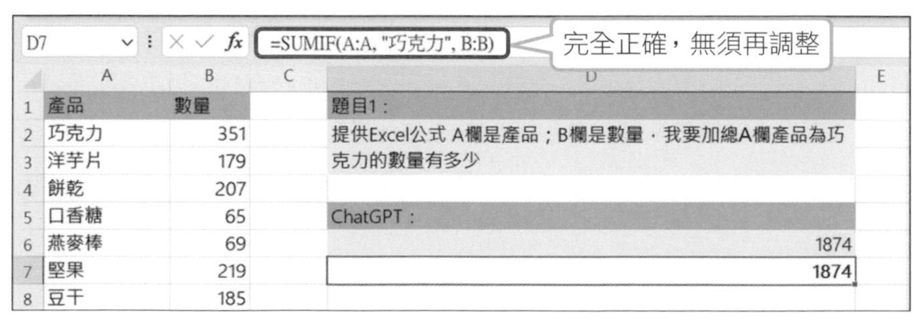

▲ 上圖使用 GPT-4 模型提供的函數進行計算

範例 2：多條件進行加總運算

題目：依下圖需求，需計算出 2023 年 1 月份巧克力一共賣了多少數量？

這個題目有兩個條件，一個是日期要在特定的期間，一個是產品須為巧克力，是兩個條件值的加總計算。

	A	B	C	D	E	F
1	日期	產品	數量		題目：	
2	2023/1/1	巧克力	351		提供Excel公式,A欄是日期欄位，B欄是產品，C欄	
3	2023/1/1	洋芋片	179		是數量，我需要計算2023年1月份，產品是"巧克	
4	2023/1/1	堅果	219		力"的數量加總	
5	2023/1/1	豆干	185			
6	2023/1/1	巧克力	274		ChatGPT：	
7	2023/1/1	牛奶	327		937	
8	2023/1/1	巧克力	201			
9	2023/1/1	礦泉水	309			
10	2023/1/1	氣泡水	87			
11	2023/1/1	含糖碳酸飲料	207			
12	2023/1/1	巧克力	63			
13	2023/1/1	啤酒	51			
14	2023/1/1	巧克力	48			
15	2023/2/1	巧克力	351			
16	2023/2/1	洋芋片	179			
17	2023/2/1	餅乾	207			
18	2023/2/1	口香糖	65			
19	2023/2/1	燕麥棒	69			

提問詞建議：

> 提供 Excel 公式，A 欄是日期欄位，B 欄是產品，C 欄是數量，我需要計算 2023 年 1 月份，產品是 " 巧克力 " 的數量加總。

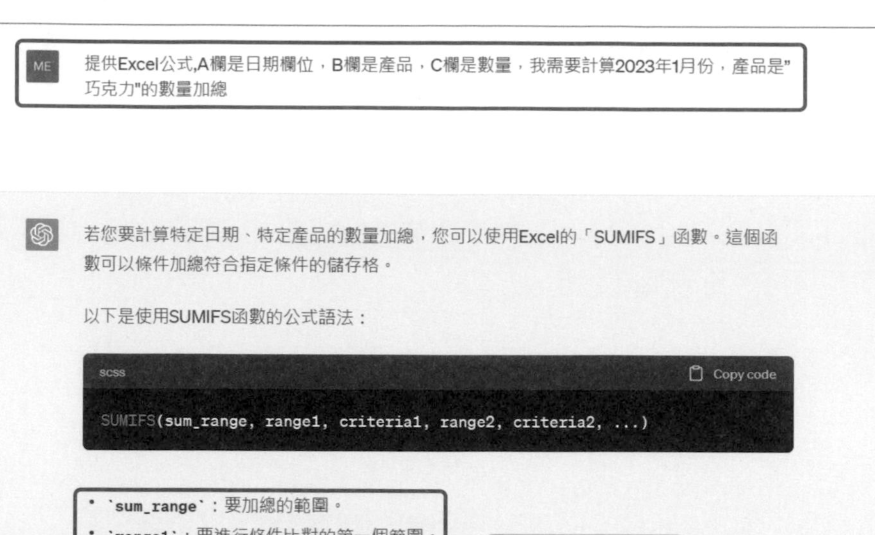

- `sum_range`：要加總的範圍。
- `range1`：要進行條件比對的第一個範圍。
- `criteria1`：第一個範圍中的條件。
- `range2`：要進行條件比對的第二個範圍。
- `criteria2`：第二個範圍中的條件。
- 以此類推，您可以使用多組範圍和條件。

很貼心！提供了完整的函數說明

以下是根據您提供的資料所建立的公式範例，以計算2023年1月份產品為"巧克力"的數量加總：

這個公式會在C欄範圍中加總對應日期大於等於2023年1月1日且小於等於2023年1月31日，同時在B欄中檢查是否為"巧克力"，然後返回符合這些條件的數量加總。

▲ 上圖使用 GPT-3.5 模型進行提問

提供的公式完全不需要修改

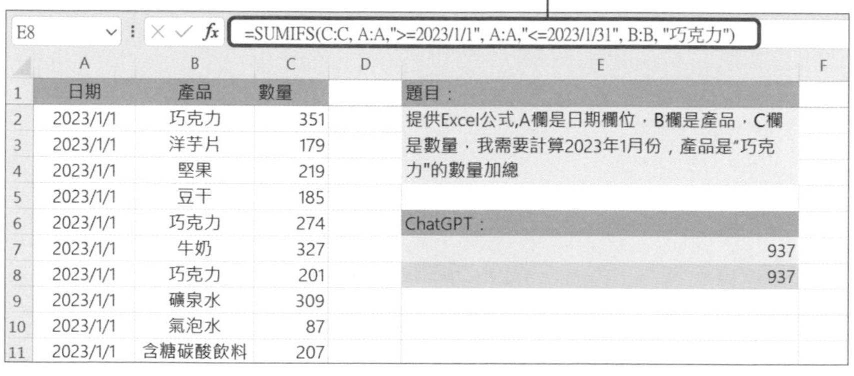

	A	B	C	D	E	F
1	日期	產品	數量		題目：	
2	2023/1/1	巧克力	351		提供Excel公式,A欄是日期欄位，B欄是產品，C欄	
3	2023/1/1	洋芋片	179		是數量，我需要計算2023年1月份，產品是"巧克	
4	2023/1/1	堅果	219		力"的數量加總	
5	2023/1/1	豆干	185			
6	2023/1/1	巧克力	274		ChatGPT：	
7	2023/1/1	牛奶	327		937	
8	2023/1/1	巧克力	201		937	
9	2023/1/1	礦泉水	309			
10	2023/1/1	氣泡水	87			
11	2023/1/1	含糖碳酸飲料	207			

▲ 上圖使用 GPT-3.5 模型提供的函數進行計算

(05:25)

範例 3：進行資料的查閱，回傳對應的值

題目：此範例要進行查閱比對，依下圖需求，H7 儲存格需依照 G7 儲存格挑選的產品編號，自動對照出 C 欄的產品名稱？

	A	B	C	D	E	F	G	H	I	J	K
1	類別編號	產品編號	產品	成本	售價		題目：				
2	R1	P1	手機殼	50	100		生成Excel公式，B欄是產品編號，C欄是產品，我想在G7輸				
3	R2	P2	飲料	10	25		入產品編號，即可對應出C欄產品的項目				
4	R1	P3	耳機	80	150						
5	R3	P4	書籍	30	60		產品編號	產品			
6	R4	P5	運動鞋	120	250		P2	飲料			
7	R1	P6	電視	700	1200		P5				
8	R3	P7	筆記型電腦	1500	2500						
9	R2	P8	零食	5	10						
10	R4	P9	衣服	80	200						
11	R1	P10	手機	500	1000						

提問詞建議：

生成 Excel 公式，B 欄是產品編號，C 欄是產品，我想在 G7 輸入產品編號，即可對應出 C 欄產品的項目

ME

生成Excel公式，B欄是產品編號，C欄是產品，我想在G7輸入產品編號，即可對應出C欄產品的項目

若您想要在G7輸入產品編號後，自動對應出C欄中對應的產品項目，您可以使用Excel的「VLOOKUP」函數。這個函數可以根據指定的查找值，在某個範圍中查找並返回相對應的值。

以下是使用VLOOKUP函數的公式語法：

```scss
VLOOKUP(lookup_value, table_array, col_index_num, [range_lookup])
```

- `lookup_value`：要查找的值，即產品編號。
- `table_array`：查找範圍，即B欄和C欄的範圍。
- `col_index_num`：要返回值的欄位索引，這裡是C欄，所以填入2。
- `range_lookup`：選擇性參數，用於指定是否要進行近似匹配。如果希望進行精確匹配，

▲上圖使用 GPT-3.5 模型進行提問

提供的公式完全不需要修改

H7 =VLOOKUP(G7, B:C, 2, FALSE)

	A	B	C	D	E	F	G	H	I	J	K
1	類別編號	產品編號	產品	成本	售價		題目：				
2	R1	P1	手機殼	50	100		生成Excel公式，B欄是產品編號，C欄是產品，我想在G7輸				
3	R2	P2	飲料	10	25		入產品編號，即可對應出C欄產品的項目				
4	R1	P3	耳機	80	150						
5	R3	P4	書籍	30	60		產品編號	產品			
6	R4	P5	運動鞋	120	250		P2	飲料			
7	R1	P6	電視	700	1200		P5	運動鞋			
8	R3	P7	筆記型電腦	1500	2500						
9	R2	P8	零食	5	10						
10	R4	P9	衣服	80	200						
11	R1	P10	手機	500	1000						
12	R3	P11	平板電腦	800	1500						
13	R2	P12	咖啡	20	50						
14	R1	P13	充電器	30	60						
15	R4	P14	鞋子	90	180						
16	R3	P15	螢幕	200	400						

▲上圖使用 GPT-3.5 模型提供的函數進行計算

範例 4：民國日期轉西元日期

(11:17)

題目：依下圖需求，從資料庫系統滙出的日期或是人工輸入，很常遇見日期是民國日期，民國日期會被視為文字型態，無法進行日期的計算、排序，因此需要將民國轉為西元日期，該怎麼處理呢？

	A	B	D	E	F	G	H	I	J	K
1	日期(民國)	日期(西元)		題目：						
2	112/01/16									
3	111/01/17			生成Excel公式，A欄的日期目前是：112/01/16，112是年，01是						
4	112/01/18			月，16是日，將日期變更為西元年月日，從A2開始計算						
5	110/01/19									
6	111/01/30									
7	112/01/31									
8	111/02/01									
9	112/02/02									
10	112/02/03									

提問詞建議：

提供 Excel 公式，A 欄是日期欄位，B 欄是產品，C 欄是數量，我需要計算 2023 年 1 月份，產品是” 巧克力 " 的數量加總

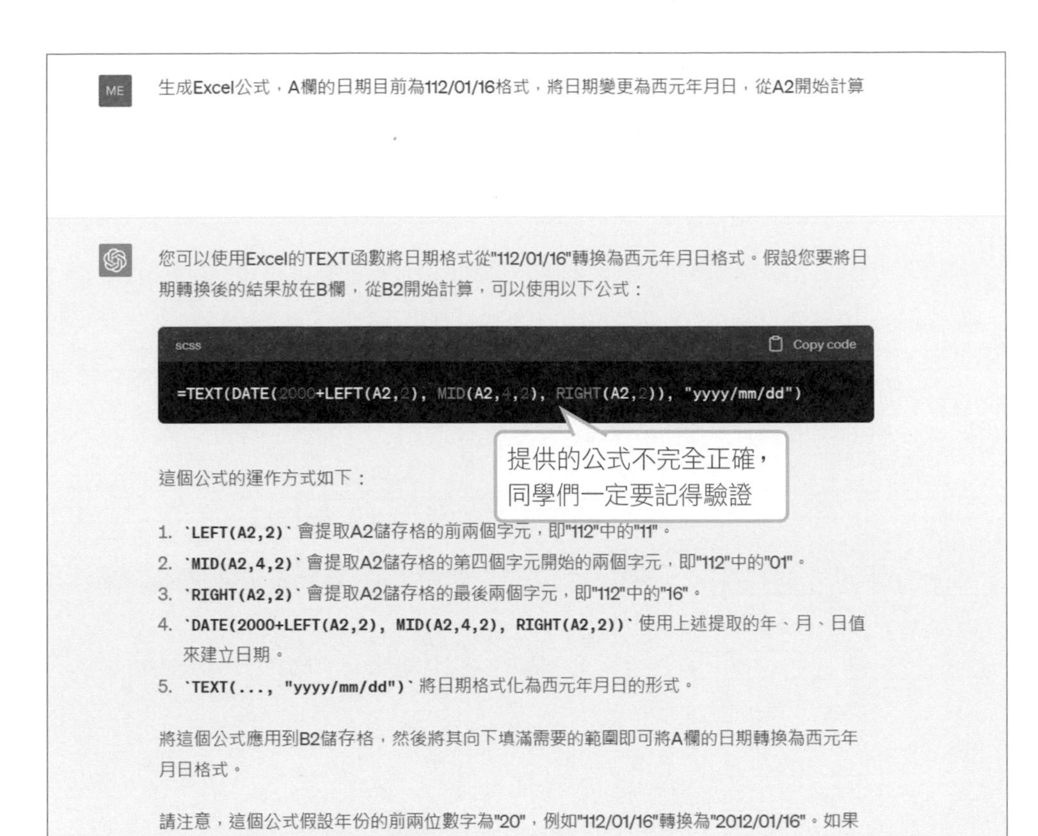

▲ 上圖使用 GPT-3.5 模型進行提問

B2 =TEXT(DATE(2000+LEFT(A2,2), MID(A2,4,2), RIGHT(A2,2)), "yyyy/mm/dd")

	A	B
1	日期(民國)	日期(西元)
2	112/01/16	#VALUE!
3	111/01/17	
4	112/01/18	
5	110/01/19	
6	111/01/30	
7	112/01/31	
8	111/02/01	
9	112/02/02	
10	112/02/03	

題目：

生成Excel公式，A欄的日期目前是：112/01/16，112是民國年，01是月份，16是日，將此日期調整為西元年月日，從A2開始計算

提供的公式不完全正確，同學們一定要記得驗證

雖然 ChatGPT 可以解決不少職場上的問題，但還是建議同學們對函數要有些許的認識，這樣才能進行微調，下方紅色文字調整過後，即可得到正確運算。

=TEXT(DATE(2000+LEFT(A2,2)，MID(A2,4,2)，RIGHT(A2,2))，"yyyy/mm/dd")
要修改成 =DATE(1911+LEFT(A2,3)，MID(A2,5,2)，RIGHT(A2,2))

修正公式後，就能將民國日期改成西元日期了

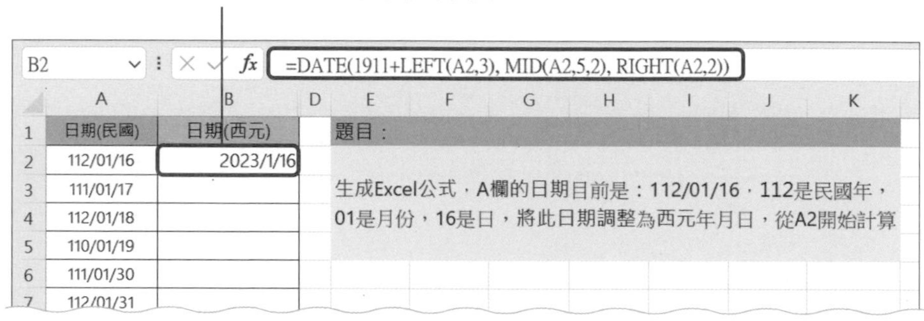

▲ 上圖使用 GPT-3.5 模型提供的函數進行微調

同樣的提問詞，在 GPT-4 模型下提問，得到的回饋更直覺，函數跟範圍都沒有問題，不需要手動修改。

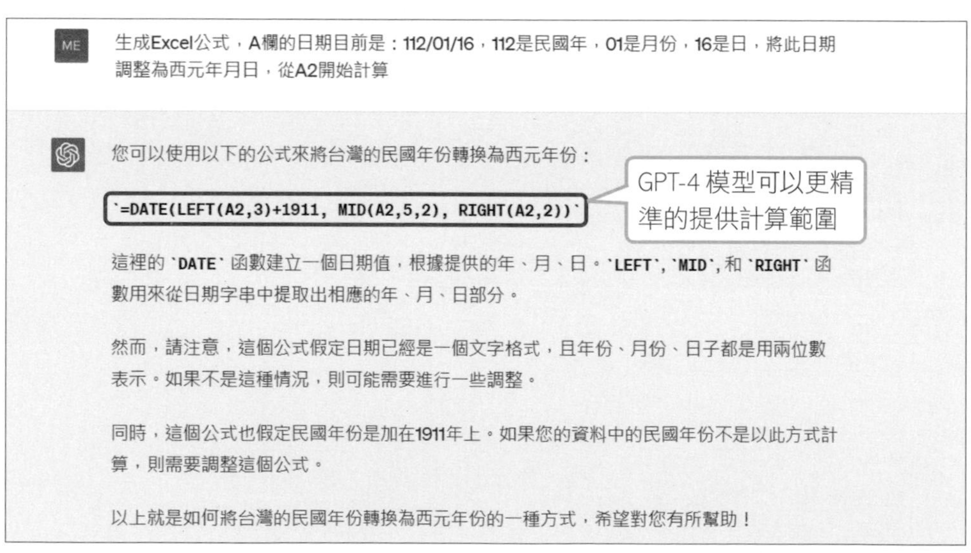

▲ 上圖使用 GPT-4 模型進行提問

GPT-4 模型提供的函數正確，不需要微調與修改

B3 =DATE(LEFT(A2,3)+1911, MID(A2,5,2), RIGHT(A2,2))

	A	B	D	E	F	G	H	I	J	K
1	日期(民國)	日期(西元)		題目：						
2	112/01/16	2023/1/16								
3	111/01/17	2023/1/16		生成Excel公式，A欄的日期目前是：112/01/16，112是民國年，01是月份，16是日，將此日期調整為西元年月日，從A2開始計算						
4	112/01/18									
5	110/01/19									
6	111/01/30									
7	112/01/31									
8	111/02/01									
9	112/02/02									
10	112/02/03									

▲ 上圖使用 GPT-4 模型提供的函數進行計算

範例 5：資料去識別化，指定的範圍用替代字呈現

(08:26)

題目：當資料需要進行公開或是共編時，可能需要進行去識別化的操作，依下圖需求，我們要將姓名的部分，中間的字串使用 " ○ " 呈現，應該要怎麼處理呢？

	A	B	C	D	E	F	G	H	I
1	姓名	姓○		題目：					
2	王小明			提供Excel函數，A欄是姓名欄位，如果姓名是兩個字以上，請將中間的字用"○"取代，如果姓名是兩個字，請將第二個字用"○"取代					
3	吳小華								
4	李志偉								
5	周美玲								
6	林佳玲								
7	張美娟								
8	歐陽美美								
9	劉忠誠								
10	陳美								
11	鄭建中								

提問詞建議：

> 提供 Excel 函數，A 欄是姓名欄位，如果姓名是兩個字以上，請將中間的字用 " ○ " 取代，如果姓名是兩個字，請將第二個字用 " ○ " 取代

提供Excel函數，A欄是姓名欄位，如果姓名是兩個字以上，請將中間的字用"○"取代，如果姓名是兩個字，請將第二個字用"○"取代

您可以使用Excel的SUBSTITUTE和MID函數來實現將姓名中的中間字取代為"○"的需求。假設姓名欄位從A2開始，您可以在B2儲存格使用以下公式：

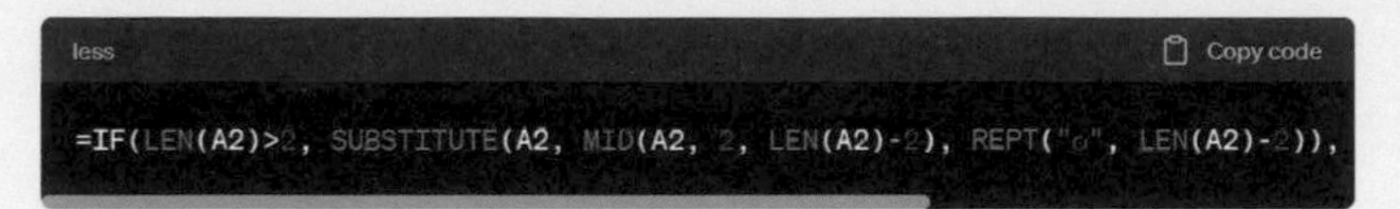

這個公式的運作方式如下：

1. `LEN(A2)` 會計算姓名的長度。
2. `IF(LEN(A2)>2, ..., ...)` 判斷姓名的長度是否大於2個字。
3. 如果姓名長度大於2個字，則使用 `SUBSTITUTE` 函數將原姓名 A2 中間的字元（從第2個字元到倒數第2個字元）替換為指定數量的 "○"，這裡使用 `MID(A2, 2, LEN(A2)-2)` 提取中間字元。
4. 如果姓名長度等於2個字，則使用 `SUBSTITUTE` 函數將第2個字元替換為 "○"，這裡使用 `MID(A2, 2, 1)` 提取第2個字元。
5. `REPT("○", LEN(A2)-2)` 會產生與中間字元數目相等的 "○" 字元，以便替換。

將這個公式應用到B2儲存格，然後將其向下填滿需要的範圍即可將姓名按照規則進行取代。

請注意，這個公式假設您希望將姓名中除了第一個字和最後一個字之外的所有字元都用"○"取代。如果您有其他的規則，需要做相應的調整。

▲上圖使用 GPT-3.5 模型進行提問

GPT-3.5 提供的函數較為攏長，但一樣是可以達成目的的

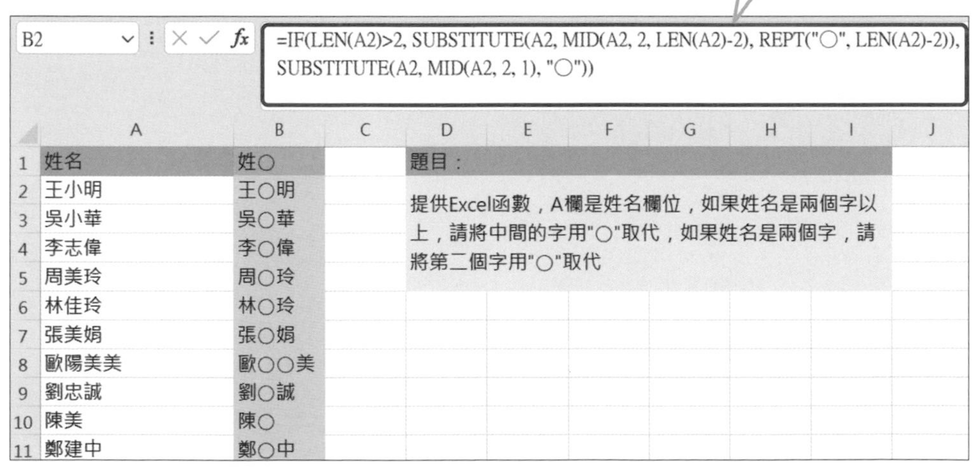

B2 =IF(LEN(A2)>2, SUBSTITUTE(A2, MID(A2, 2, LEN(A2)-2), REPT("○", LEN(A2)-2)), SUBSTITUTE(A2, MID(A2, 2, 1), "○"))

	A	B
1	姓名	姓○
2	王小明	王○明
3	吳小華	吳○華
4	李志偉	李○偉
5	周美玲	周○玲
6	林佳玲	林○玲
7	張美娟	張○娟
8	歐陽美美	歐○○美
9	劉忠誠	劉○誠
10	陳美	陳○
11	鄭建中	鄭○中

題目：

提供Excel函數，A欄是姓名欄位，如果姓名是兩個字以上，請將中間的字用"○"取代，如果姓名是兩個字，請將第二個字用"○"取代

▲上圖使用 GPT-3.5 模型提供的函數進行計算

同樣的提問詞，在 GPT-4 模型下提問，得到函數較精簡，但遇到姓名四個字的時候有發生了錯誤，因此我們可以繼續追問修改方式。

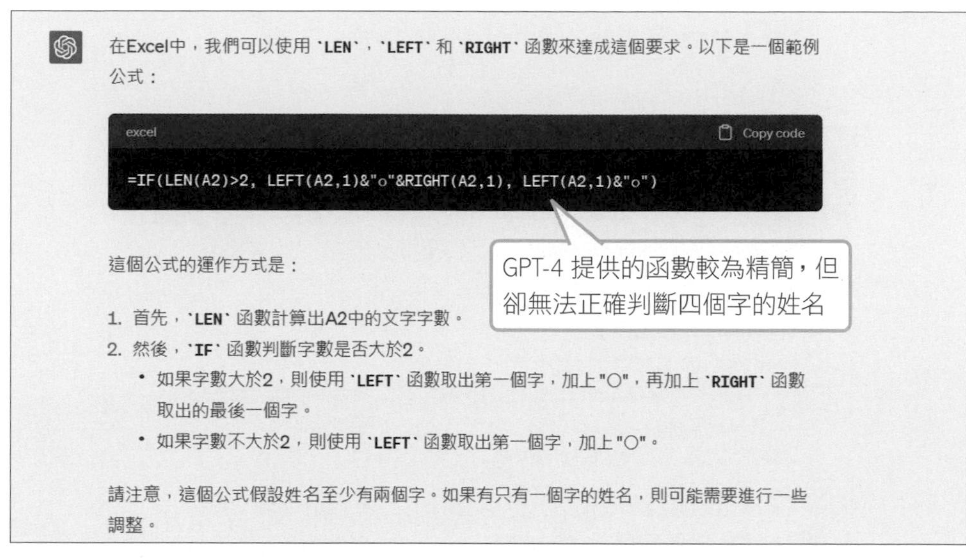

▲ 上圖使用 GPT-4 模型進行提問

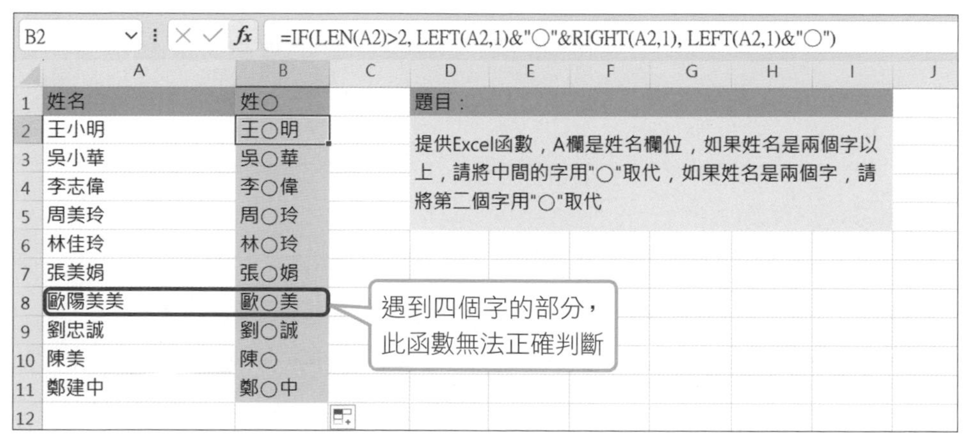

	A	B
1	姓名	姓○
2	王小明	王○明
3	吳小華	吳○華
4	李志偉	李○偉
5	周美玲	周○玲
6	林佳玲	林○玲
7	張美娟	張○娟
8	歐陽美美	歐○美
9	劉忠誠	劉○誠
10	陳美	陳○
11	鄭建中	鄭○中

▲ 上圖使用 GPT-4 模型提供的函數進行計算

接著，我們可以繼續追問函數的修改方式：

如果姓名有四個字的部分，我應該怎麼調整

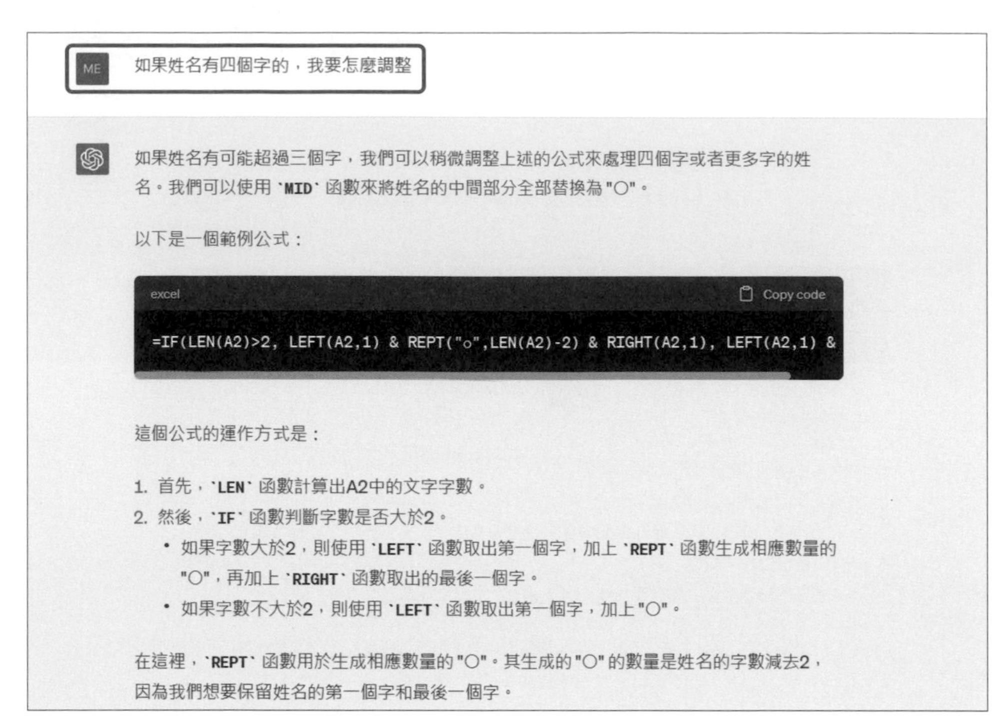

▲上圖使用 GPT-4 模型繼續追問

GPT-4 模型提供的修改後的函數如下，修正後的函數就可以計算包含兩個字的姓名與四個字的姓名了。

```
=IF(LEN(A2)>2，LEFT(A2,1) & REPT(" 〇 ",LEN(A2)-2) & RIGHT(A2,1)，
LEFT(A2,1) & " 〇 ")
```

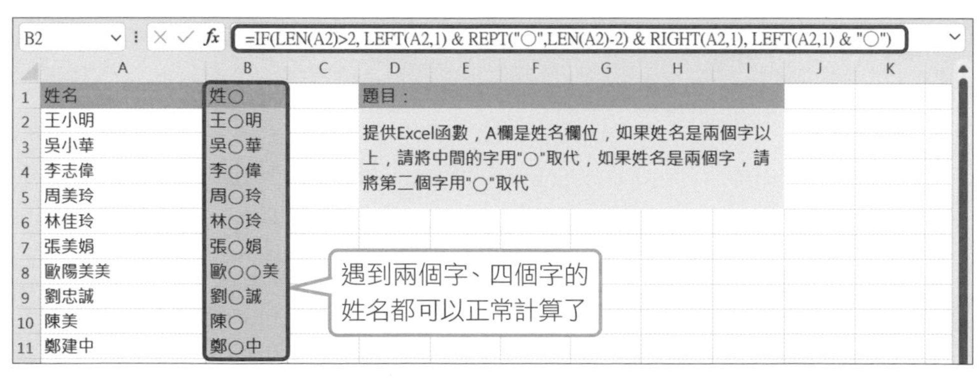

	A	B
1	姓名	姓〇
2	王小明	王〇明
3	吳小華	吳〇華
4	李志偉	李〇偉
5	周美玲	周〇玲
6	林佳玲	林〇玲
7	張美娟	張〇娟
8	歐陽美美	歐〇〇美
9	劉忠誠	劉〇誠
10	陳美	陳〇
11	鄭建中	鄭〇中

▲上圖使用 GPT-4 模型提供的函數計算

如何請 ChatGPT 提供我作法 (實例)

範例 1：禁止輸入重複的資料

(01:52)

題目：如下圖需求，於 A 欄輸入資料時，不可輸入重複的值，若重複，須出現禁止的對話視窗？

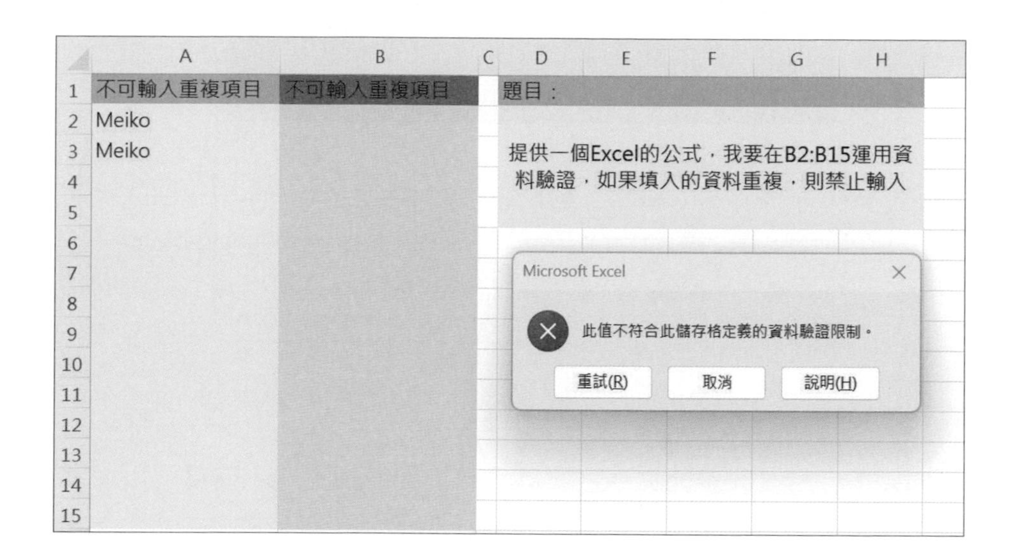

提問詞建議：

> 提供一個 Excel 的作法，當 A 欄輸入的內容發生重複時，須出現提示視窗，讓輸入者知道輸入重複的內容，我該如何處理

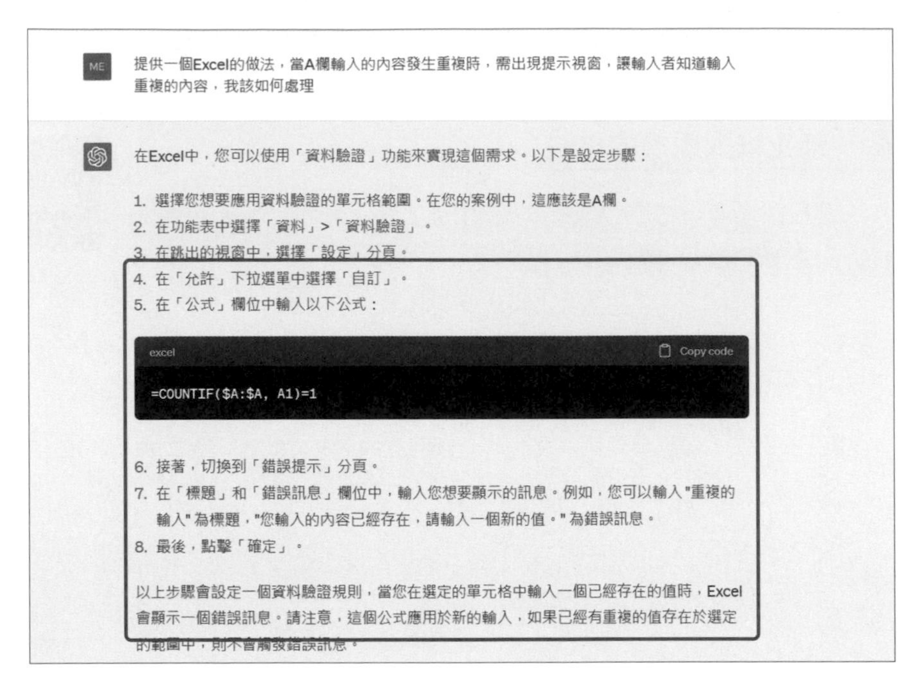

▲上圖使用 GPT-4 模型提問

GPT 的回答，給了完整的操作步驟，跟著步驟依序完成，確實可以達到禁止輸入重複的資料的需求，亦可參考下圖步驟完成設定。

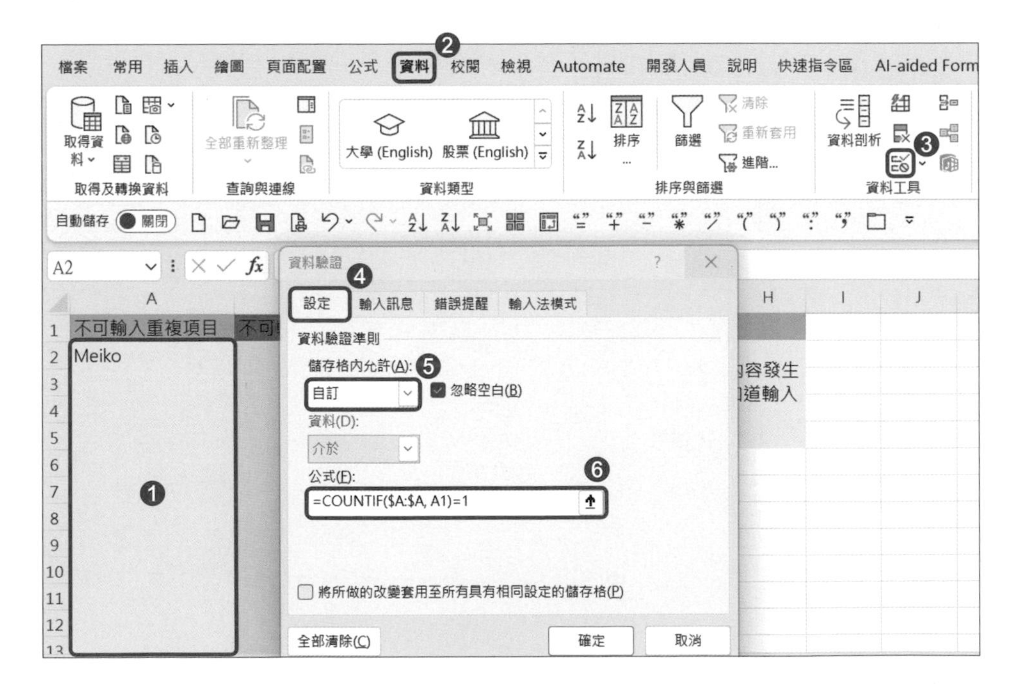

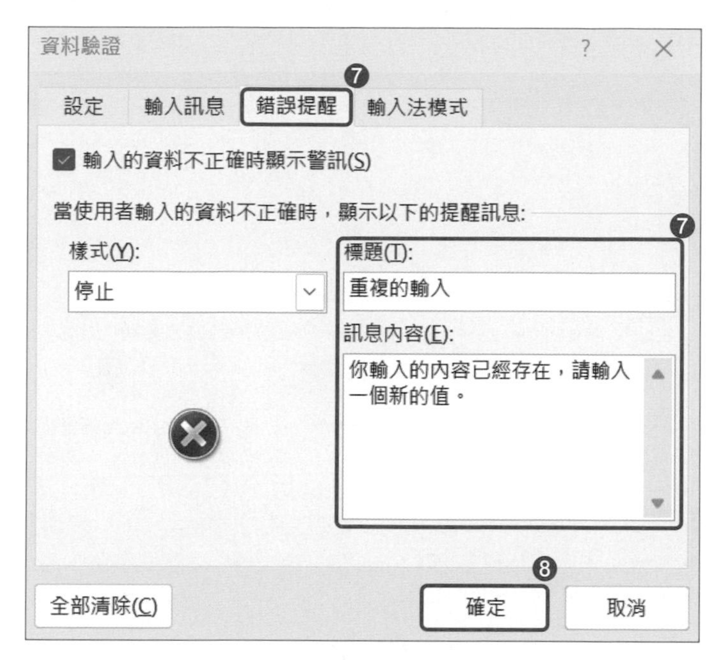

▲ 上圖使用 GPT-4 模型提供的做法進行操作

範例 2：多欄位判斷，禁止重複輸入

(05:28)

題目：我們來個更複雜的判斷，需要兩個條件的檢查，條件是在同一天，不可以輸入重複的紀錄，若重複，須出現禁止的對話視窗，如下圖需求，A 欄的日期在同一天內，B 欄不能輸入重複的資料。

	A	B
1	日期	姓名
2	2023/1/1	林小美
3	2023/1/1	陳小明
4	2023/1/1	林小美
5	2023/1/1	
6	2023/1/1	
7	2023/1/1	
8	2023/1/2	林小美
9	2023/1/2	
10	2023/1/2	
11	2023/1/2	
12	2023/1/2	
13	2023/1/2	
14	2023/1/2	

題目：

提供Excel的作法，A欄是日期，B欄是姓名，在同一天的日期內，不能輸入重複的姓名資料

Microsoft Excel

此值不符合此儲存格定義的資料驗證限制。

重試(R)　取消　說明(H)

提問詞建議：

提供 Excel 的作法，A 欄是日期，B 欄是姓名，在同一天的日期內，不能輸入重複的姓名資料

ME 提供Excel的作法，A欄是日期，B欄是姓名，在同一天的日期內，不能輸入重複的姓名資料

要在Excel中實現在同一天日期內不能輸入重複姓名資料的功能，您可以使用Excel的資料驗證功能配合條件格式設定來實現。

以下是一個步驟的示例：

1. 選擇您要應用此驗證的儲存格範圍。假設日期在A欄，姓名在B欄，您要應用此驗證的範圍從B2開始，您可以選擇B2儲存格。
2. 在Excel的功能區域選擇「資料」。
3. 點擊「資料驗證」。
4. 在資料驗證對話方塊的「設定」選項卡中，選擇「自訂」在「允許」下拉選單中。
5. 在「公式」框中，輸入以下公式：

```swift
=COUNTIFS($A$2:$A$100, A2, $B$2:$B$100, B2)<=1
```

   這個公式將檢查在A2到A100範圍內是否有與當前儲存格（A2）相同的日期，同時在B2到B100範圍內是否有與當前儲存格（B2）相同的姓名。如果計數結果小於或等於1，則表示在同一天內輸入的姓名資料不重複。
6. 點擊「錯誤警告」選項卡，選擇您喜歡的錯誤警告訊息，例如「停用訊息」或「停用輸入」。
7. 點擊「確定」。

現在，當在同一天日期內輸入重複的姓名資料時，您將會收到選擇的錯誤警告訊息。

請注意，上述示例中使用的範圍是A2到A100和B2到B100，您可以根據您的需要調整範圍大小。同時，請確保在範圍中包含足夠的儲存格，以便檢查輸入的姓名資料是否重複。

此方法可以幫助您在Excel中實現在同一天日期內不能輸入重複姓名資料的功能。

▲ 上圖使用 GPT-3.5 模型提問

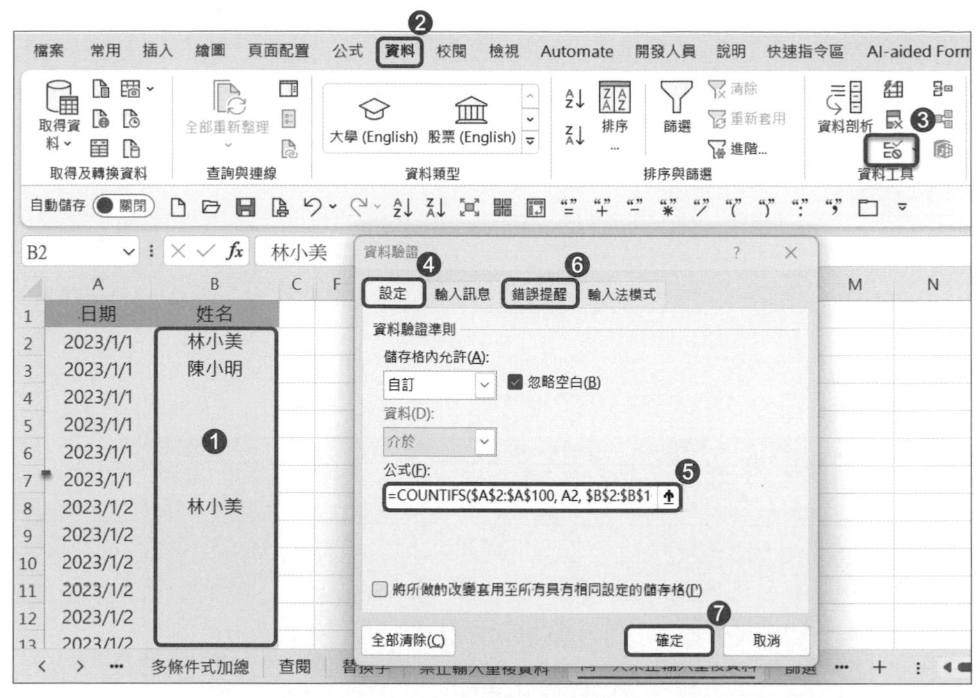

▲ 上圖使用 GPT-3.5 模型的回答進行操作 (圖中編號對應 ChatGPT 回覆的做法)

如何讓 ChatGPT 幫我達到自動化處理

範例 1：將工作表切割成為獨立的檔案

(01:21)

需求：將整個活頁簿內所有的工作表自動拆分成為各自不同的檔案。

提問詞建議：

生成 VBA 代碼，將當前活頁簿中的每一張工作表，拆分成為獨立的檔案

ME 生成VBA代碼，將當前活頁簿中的工作表，拆分成為各自獨立的檔案

以下是將當前活頁簿中的每個工作表拆分為各自獨立的檔案的VBA代碼：

vba Copy code

```
Sub SplitWorksheetsIntoFiles()
    Dim ws As Worksheet
    Dim newWorkbook As Workbook
    Dim filePath As String
    Dim fileName As String

    ' 取得原始活頁簿的路徑和檔案名稱
    filePath = ThisWorkbook.Path & "\"
    fileName = Left(ThisWorkbook.Name, InStrRev(ThisWorkbook.Name, ".") - 1)

    ' 關閉原始活頁簿的警告訊息
    Application.DisplayAlerts = False

    ' 拆分每個工作表
    For Each ws In ThisWorkbook.Worksheets
        ' 複製工作表到新的活頁簿
        ws.Copy
        Set newWorkbook = ActiveWorkbook

    Workbooks.Open filePath & ThisWorkbook.Name

    ' 關閉原始活頁簿
    ThisWorkbook.Close SaveChanges:=True

    ' 顯示警告訊息
    Application.DisplayAlerts = True
End Sub
```

請將上述代碼複製並貼上到Excel的VBA編輯器中（按下Alt + F11進入編輯器），然後執行該代碼（按下F5），即可將當前活頁簿中的每個工作表拆分成為各自獨立的檔案。每個工作表的檔案將以原始活頁簿的檔案名稱加上工作表名稱命名，並保存在相同的路徑下。

請注意，在執行代碼之前，請確保已經儲存並備份原始活頁簿的內容，以防止資料丟失或錯誤。

▲上圖使用 GPT-3.5 模型提問

依上圖 GPT 提供的步驟如下：

1. 於 Excel 環境中，按「Alt」+「F11」即可開啟 VBA 編輯器
2. 點按插入新增模組按鈕 \ 新增 \ 模組
3. 貼入 GPT 提供的程式碼
4. 按下執行按鈕

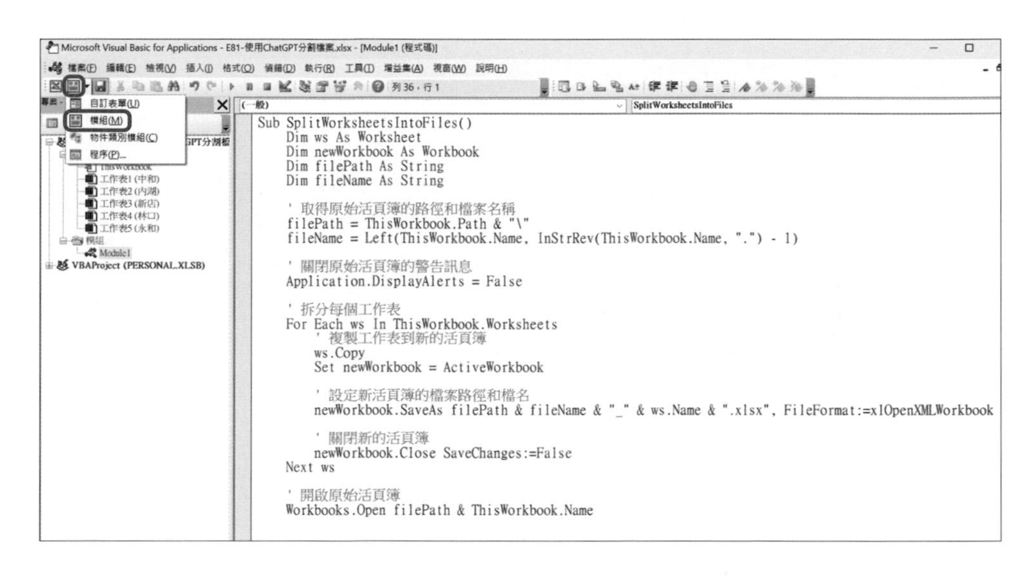

執行按鈕在這裡

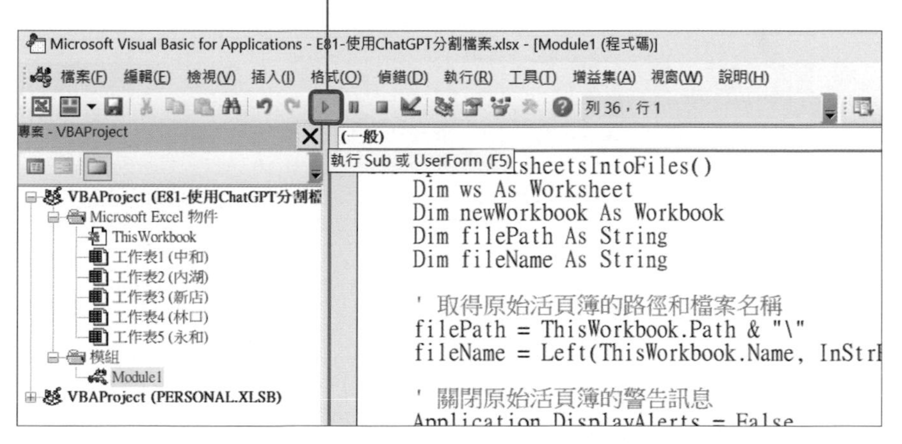

▲ 上圖使用 GPT-3.5 模型的回答進行操作可以完成切割檔案的設定

範例 2：針對每張工作表設定密碼

(11:41)

註：這部影片是以 Notion AI 進行教學，作法差不多，如有興趣可以參考看看。

需求：依下圖需求，將整個活頁簿內所有的工作表都設定保護，而密碼要出一個訊息框，由使用者輸入加密密碼。

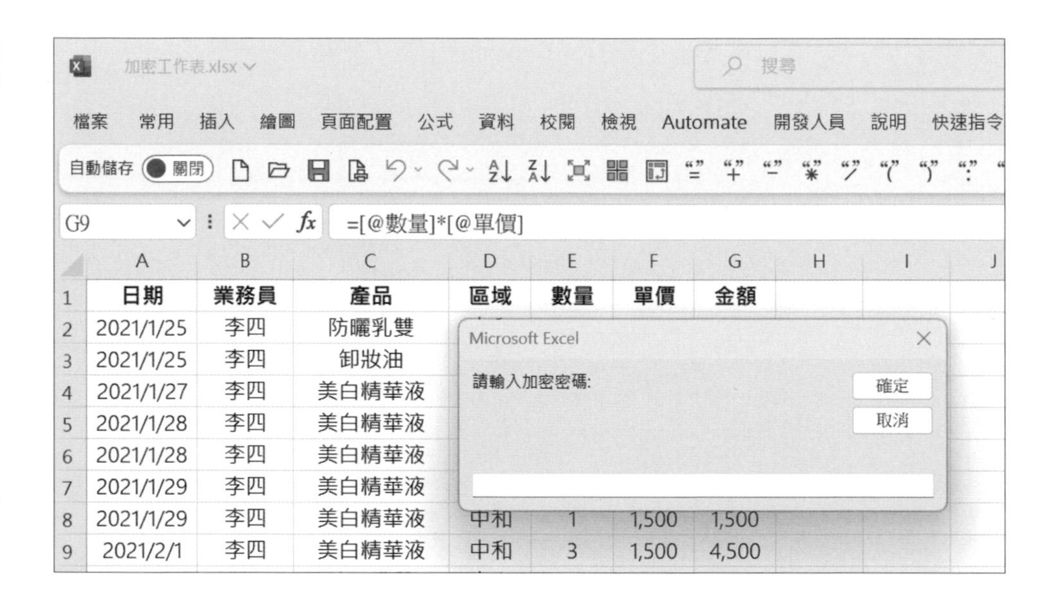

提問詞建議：

> 生成 VBA 代碼，將當前活頁簿內的每張工作表加密，加密的部分出現 MsgBox 讓我自行輸入加密的 Password

生成VBA 代碼，將當前活頁簿內的每張工作表加密，加密的部分出現 MsgBox 讓我自行輸入加密的Password

您可以使用以下的VBA代碼來將當前活頁簿內的每張工作表進行加密，並在加密時使用`MsgBox`顯示對話框讓您輸入加密密碼：

vba　Copy code

```vba
Sub EncryptWorksheets()
    Dim ws As Worksheet
    Dim password As String

    password = InputBox("請輸入加密密碼:")

    For Each ws In ThisWorkbook.Worksheets
        ws.Protect Password:=password
    Next ws

    MsgBox "已加密所有工作表。"
End Sub
```

這段VBA代碼首先會使用`InputBox`顯示一個對話框，讓您輸入加密密碼。接著，它使用`For Each`迴圈遍歷當前活頁簿內的每張工作表，並使用`Protect`方法將每張工作表進行加密，密碼參數設定為您輸入的加密密碼。最後，它會顯示一個`MsgBox`訊息，表示已經完成加密操作。

請注意，一旦您將工作表加密，請確保密碼妥善保存。忘記加密密碼將無法復原或解密工作表。

▲ 上圖使用 GPT-3.5 模型提問

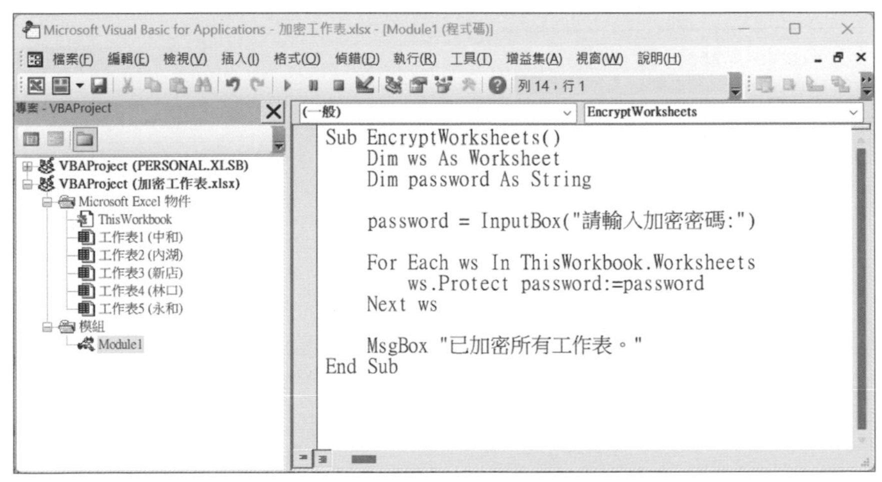

▲ 上圖使用 GPT-3.5 模型的回答進行操作，確實可以達到每張工作表加密動作

如何安全的請 ChatGPT 幫我分析數據

範例 1：沒有資安疑慮，開放的資料

針對分析的部分，再次開啟一個新的聊天室，一樣先設定角色：

ME 請扮演一位Excel數據分析專家，擅長數據分析，前後期比較，趨勢比較，接下來的對話與解釋部分都以繁體中文顯示

當然，我可以幫助您進行Excel數據分析。請告訴我您需要分析的具體數據，以及您希望獲得的比較和趨勢方面的解釋。

將數據直接複製，貼入提問框，**切記：不要貼入機敏資料與含有個資的資料**。

於貼入的資料下方，直接請 ChatGPT 分析此份資料：

ME
月份,年分-110年：航空人次,年分-110年：輪船人次,年分-110年：觀光客人次,年分-111年：航空人次,年分-111年：輪船人次,年分-111年：觀光客人次,年分-111年：觀光客增減人數
1,34885,354,35239,31341,389,31730,-3509
2,44442,1373,45815,35048,1128,36176,-9639
3,56668,7035,63703,55011,2547,57558,-6145
4,110470,37808,148278,93345,18446,111791,-36487
5,85422,28439,113861,96628,21613,118241,4380
6,3629,47,3676,117078,35414,152492,148816
7,7135,137,7272,123855,48810,172665,165393
8,26484,4788,31272,,,-,
9,40636,12005,52641,,,-,
10,42128,3691,45819,,,-,
11,36491,741,37232,,,-,
12,33132,73,33205,,,-,
合計,521522,96491,618013,552306,128347,680653,262809
分析這份資料

此範例用了 3.5 與 4 的模型進行提問，回答的內容不完全相同。

使用 GPT-3.5 模型進行分析，給了兩個方向的分析比較，也提供了簡短的總結

根據提供的資料，我們可以進行以下分析：

1. 航空人次、輪船人次和觀光客人次：
   - 以年分-110年為基準，航空人次分別為1,34885、31341，輪船人次分別為354、389，觀光客人次分別為35239、31730。
   - 以年分-111年為基準，航空人次分別為44442、55011，輪船人次分別為1373、2547，觀光客人次分別為45815、57558。
   - 可以觀察到，在這兩年期間，航空人次、輪船人次和觀光客人次都有增加。
2. 觀光客增減人數：
   - 以年分-110年為基準，觀光客增減人數為-3509、-9639、-6145、-36487、4380、148816、165393。
   - 觀光客增減人數為每月觀光客人次的變化數量，正值表示增加，負值表示減少。
   - 可以觀察到，在年分-110年，觀光客增減人數呈現不穩定的波動，有些月份有增加，有些月份有減少。
   - 在年分-111年，觀光客增減人數則出現明顯的增長，特別是6月、7月和8月，增加數量非常大。

▲ 上圖使用 GPT-3.5 的模型進行提問

使用 GPT-4 模型進行提問分析

分析的方向分類較清楚，而且可以針對數據看出問題，找出一些缺失值，在 GPT-3.5 模型中並沒有發現資料內有部分「空值」的問題，感覺 GPT-4 可以分析得更細膩。

這份資料看起來是關於航空、輪船和觀光客人次的統計數據，包含了110年和111年的數據。以下是一些可能的分析方向：

1. **月度分析**：你可以分析每個月的航空、輪船和觀光客人次的變化，看看是否有特定的月份或季節，這些數據會有顯著的增加或減少。這可以幫助你了解旅遊業的季節性變化。
2. **年度分析**：你可以比較110年和111年的總人次，看看這兩年間的變化。這可以幫助你了解旅遊業的年度趨勢。
3. **交通方式分析**：你可以比較航空和輪船的人次，看看哪種交通方式更受旅客歡迎。這可以幫助你了解旅客的交通方式偏好。
4. **觀光客增減分析**：你可以分析111年的觀光客增減人數，看看哪些月份的增減幅度最大。這可以幫助你了解哪些月份的觀光業務有明顯的變化。

請注意，由於資料中有一些缺失值（例如111年8月至12月的數據），這可能會影響你的分析結果。你可能需要找到這些缺失數據的原因，或者找到其他方式來填補這些缺失值。

▲ 上圖使用 GPT-4 的模型進行提問

範例 2：資料具有機敏性

如果想分析的資料是不能公開的資訊，當你不清楚這份資料可以進行哪些分析時，你可以嘗試只要將資料的欄位名稱複製下來，貼入提問框內，在請 ChatGPT 分析，如下操作步驟。

複製欄位名稱。

將欄位名稱複製下來

	A	B	C	D	E	F	G	H	I	J	K	L
1	訂單號碼	訂單日期	客戶編號	公司名稱	收貨人	產品編號	產品	單價	數量	小計	地址	業務人員
2	10249	2013-07-05	TOMSP	東帝望	謝小姐	51	豬肉乾	NT$42.40	NT$40.00	1696	高雄市中正路一段12號	黎國明
3	10251	2013-07-08	VICTE	千固	陳先生	65	海苔醬	NT$16.80	NT$20.00	336	台北市北平東路24號	趙飛燕
4	10251	2013-07-08	VICTE	千固	陳先生	22	再來米	NT$16.80	NT$6.00	95.76	台北市北平東路24號	趙飛燕
5	10251	2013-07-08	VICTE	千固	陳先生	57	小米	NT$15.60	NT$15.00	222.3	台北市北平東路24號	趙飛燕
6	10258	2013-07-17	ERNSH	正人資源	王先生	2	牛奶	NT$15.20	NT$50.00	608	新北市北新路11號	張瑾雯
7	10258	2013-07-17	ERNSH	正人資源	王先生	5	麻油	NT$17.00	NT$65.00	884	新北市北新路11號	張瑾雯
8	10258	2013-07-17	ERNSH	正人資源	王先生	32	白起司	NT$25.60	NT$6.00	122.9	新北市北新路11號	張瑾雯
9	10281	2013-08-14	ROMEY	德化食品	陳先生	24	汽水	NT$3.60	NT$6.00	21.6	台北市北平東路24號	林美麗
10	10281	2013-08-14	ROMEY	德化食品	陳先生	35	芭樂汁	NT$14.40	NT$4.00	57.6	台北市北平東路24號	林美麗
11	10281	2013-08-14	ROMEY	德化食品	陳先生	19	糖果	NT$7.30	NT$1.00	7.3	台北市北平東路24號	林美麗
12	10282	2013-08-15	ROMEY	德化食品	陳先生	57	小米	NT$15.60	NT$2.00	31.2	台北市北平東路24號	林美麗
13	10282	2013-08-15	ROMEY	德化食品	陳先生	30	黃魚	NT$20.70	NT$6.00	124.2	台北市北平東路24號	林美麗
14	10284	2013-08-19	LEHMS	幸義房屋	黎先生	67	礦泉水	NT$11.20	NT$5.00	42	屏東縣永大路4號	林美麗
15	10249	2013-07-05	TOMSP	東帝望	謝小姐	14	沙茶	NT$18.60	NT$9.00	167.4	高雄市中正路一段12號	黎國明
16	10260	2013-07-19	OTTIK	一詮精密工業	徐文彬	70	蘇打水	NT$12.00	NT$21.00	189	新竹市竹北路8號	林美麗
17	10260	2013-07-19	OTTIK	一詮精密工業	徐文彬	62	山渣片	NT$39.40	NT$15.00	443.3	新竹市竹北路8號	林美麗
18	10260	2013-07-19	OTTIK	一詮精密工業	徐文彬	57	小米	NT$15.60	NT$50.00	780	新竹市竹北路8號	林美麗
19	10260	2013-07-19	OTTIK	一詮精密工業	徐文彬	41	蝦子	NT$7.70	NT$16.00	92.4	新竹市竹北路8號	林美麗
20	10265	2013-07-25	BLONP	皓國廣兒	方先生	70	蘇打水	NT$12.00	NT$20.00	240	新竹市永平路一段1號	陳季暄
21	10265	2013-07-25	BLONP	皓國廣兒	方先生	17	豬肉	NT$31.20	NT$30.00	936	新竹市永平路一段1號	陳季暄

將欄位名稱貼入詢問框，接續輸入。

我的數據資料有這些欄位，我可以針對這些欄位做哪些分析

ME

訂單號碼 訂單日期 客戶編號 公司名稱 收貨人 產品編號 產品 單價 數量 小計 地址 業務人員

我的數據資料有這些欄位，我可以針對這些欄位做哪些分析

這些數據欄位提供了許多可能的分析方向。以下是一些可能的分析建議：

1. **產品分析**：你可以分析哪種產品的銷售量最高，或者哪種產品帶來的總收入最高。這可以幫助你了解哪些產品最受顧客歡迎，或者哪些產品的利潤最高。
2. **客戶分析**：你可以分析哪個客戶或哪個公司的購買量最高，或者他們購買的產品類型。這可以幫助你了解你的主要客戶群，以及他們的購買偏好。
3. **業務人員分析**：你可以分析哪個業務人員的銷售表現最好，他們各自的銷售量，或者他們銷售的產品類型。這可以幫助你了解哪些業務人員的表現優秀，以及他們的銷售策略。
4. **時間分析**：你可以分析在不同時間（例如不同的月份或季度）的銷售趨勢，看看是否有任何季節性的變化。這可以幫助你了解你的業務是否受到季節性因素的影響，並且可以幫助你預測未來的銷售趨勢。
5. **地理分析**：你可以分析不同地區的銷售情況，看看哪些地區的銷售表現最好。這可以幫助你了解你的產品在哪些地區最受歡迎，並且可以幫助你制定地區性的銷售策略。

以上只是一些基本的分析方向，具體的分析可能需要根據你的業務需求和目標來進行調整。

可以獲得的分析方向

如何請 ChatGPT 協助我解決問題

範例 1：當計算公式遇到錯誤時，例如 #NAME?" 錯誤，可以向 ChatGPT 提問，了解可能的解決方式。

如下圖，函數中，TODAY 少了 ()，因此回傳了 #NAME?，正確的函數解法如下：

```
=DATEDIF(D2,TODAY(), "Y")
```

當你不知道錯在哪裡的時候，可以請 ChatGPT 幫你查找錯誤。

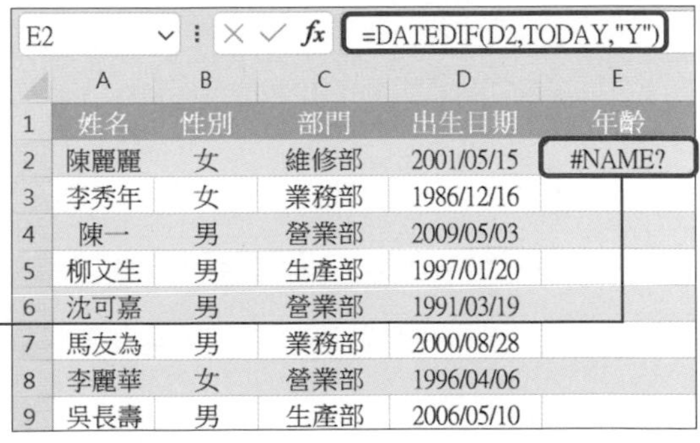

E2 =DATEDIF(D2,TODAY,"Y")

	A	B	C	D	E
1	姓名	性別	部門	出生日期	年齡
2	陳麗麗	女	維修部	2001/05/15	#NAME?
3	李秀年	女	業務部	1986/12/16	
4	陳一	男	營業部	2009/05/03	
5	柳文生	男	生產部	1997/01/20	
6	沈可嘉	男	營業部	1991/03/19	
7	馬友為	男	業務部	2000/08/28	
8	李麗華	女	營業部	1996/04/06	
9	吳長壽	男	生產部	2006/05/10	

函數名稱輸入錯誤，才會出現此錯誤訊息

此範例用了 3.5 與 4 的模型進行提問，回答的內容不完全相同，先使用 GPT-3.5 模型進行提問。

提問詞建議：

=DATEDIF(D2,TODAY(), "Y") 哪裡有錯

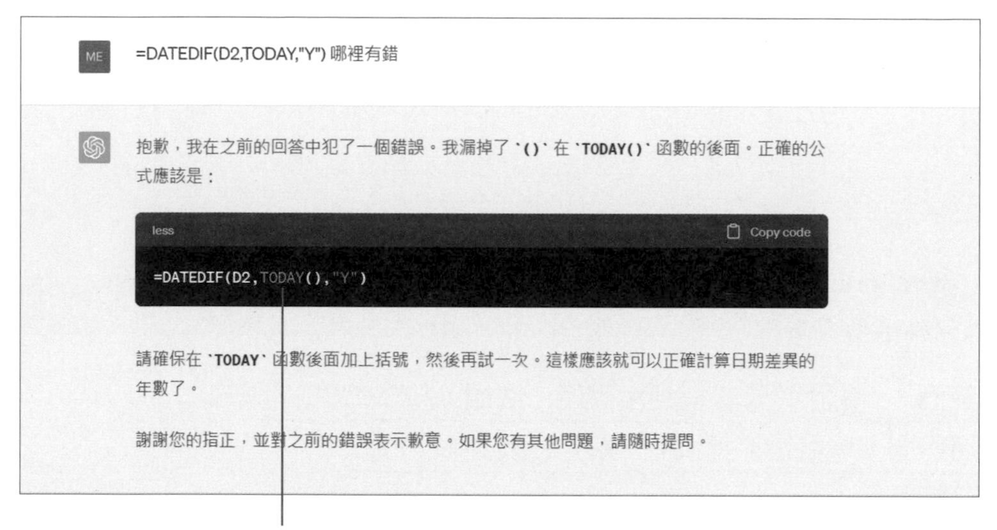

GPT 幫忙把 () 括號加上去了，修正了整串公式，但這邊它自己承認了錯誤，但其實函數是我們給它的

使用 GPT-3.5 可以正確的協助修正，但回答之前，它先承認自己錯誤，但公式是我們所提供的。

接下來使用 GPT-4 模型進行提問。

提問詞建議：

=DATEDIF(D2,TODAY(), "Y") 哪裡有錯

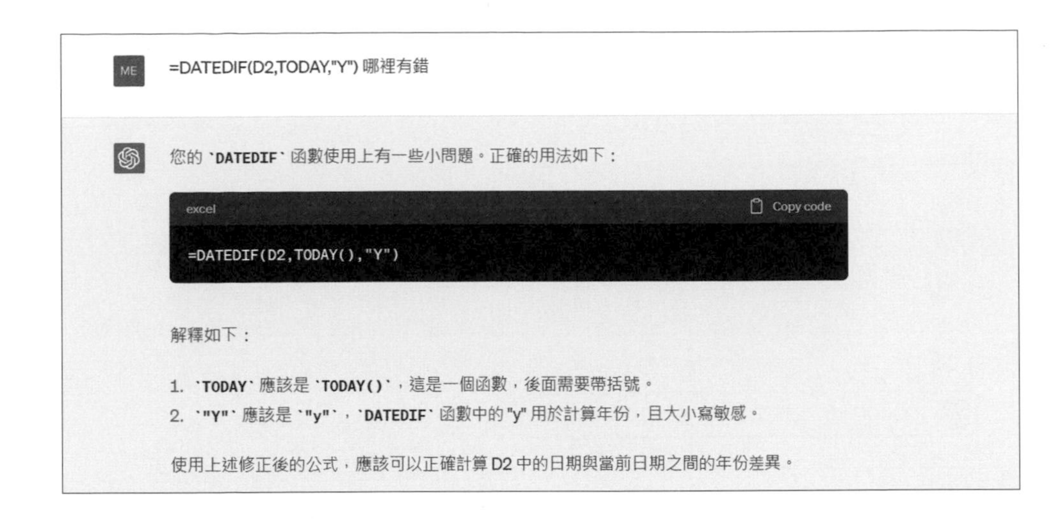

得到的回饋可以看得出來，不但修正了函數的錯誤，也提供了解釋，錯在哪裡，看起來 GPT-4 模型真的細膩很多。

範例 2：當計算公式遇到錯誤時，例如 #REF!，可以向 ChatGPT 提問，了解可能的解決方式

如下圖，函數中，使用查閱函數 VLOOKUP，針對對照表應該選擇 $A$1:$D:$11，但公式內只有選取 $A$1:$C:$11，導致找不到生日欄位，出現了 #REF! 錯誤。

G2 =VLOOKUP(F2,$A$1:$C$11,4,0)

	A	B	C	D	E	F	G
1	姓名	性別	部門	出生日期		姓名	生日
2	陳麗麗	女	維修部	2001/05/15		陳麗麗	#REF!
3	李秀年	女	業務部	1986/12/16			
4	陳一	男	營業部	2009/05/03			
5	柳文生	男	生產部	1997/01/20			
6	沈可嘉	男	營業部	1991/03/19			
7	馬友為	男	業務部	2000/08/28			
8	李麗華	女	營業部	1996/04/06			
9	吳長壽	男	生產部	2006/05/10			
10	張蕙玲	女	業務部	1998/12/23			
11	陳小美	女	維修部	2003/05/15			

此範例用了 GPT-3.5 與 GPT-4 的模型進行提問，回答的內容不完全相同，先使用 GPT-3.5 模型進行提問。

提問詞建議：

=vlookup(F2:$A$1:$C$11,4,0) 發生了 #REF! 的原因

=VLOOKUP(F2,$A$1:$C$11,4,0) 發生#REF! 的原因

`#REF!` 錯誤通常表示參照錯誤。在您提供的公式 `=VLOOKUP(F2,$A$1:$C$11,4,0)` 中，`#REF!` 錯誤可能有以下幾個可能的原因：

1. 參照範圍錯誤：請確保參照範圍 `$A$1:$C$11` 是正確的，並且包含您要查找的數據。檢查儲存範圍的行數和列數是否正確。
2. 查找值錯誤：請確保 `F2` 中的值存在於參照範圍 `$A$1:$C$11` 的第一列。如果查找值不存在，則會觸發 `#REF!` 錯誤。
3. 返回列索引錯誤：請確保返回的列索引 `4` 正確地對應於參照範圍中您想要返回的列。如果列索引超出範圍，也會出現 `#REF!` 錯誤。

請仔細檢查以上三個可能的原因，看看是否存在任何錯誤。如果問題仍然存在，請提供更多關於您的數據和具體的問題描述，以便我們可以更好地幫助您找到解決方案。

▲ 上圖使用 GPT-3.5 的模型進行提問

得到的回答是：要我們確認 $A$1:$C$11 範圍是正確的，告訴我們 F2 必須是 A:C 欄內的第一欄，或是函數中，我們指定回傳第 4 欄，是否真的要回傳第 4 欄，但最終都沒有正確的告訴我們錯誤在哪裡，只告訴我們檢查的方向。

我們再來試試看 GPT-4 模型怎麼回答。

提問詞建議：

=vlookup(F2:$A$1:$C$11,4,0) 發生了 #REF! 的原因

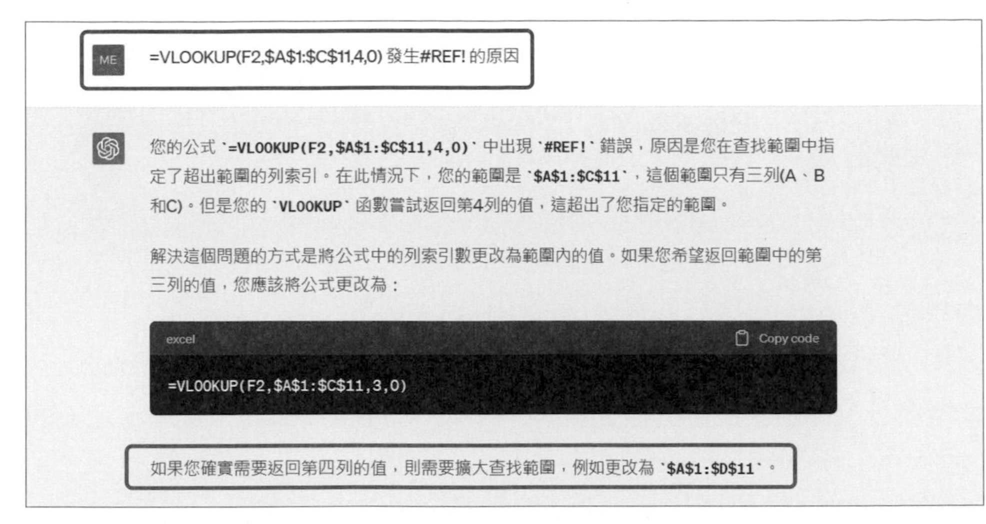

▲上圖使用 GPT-4 的模型進行提問

GPT-4 的回答，直接了當告訴我們，VLOOKUP 指定回傳的第 4 欄，超出了對照表 $A$1:$C$11 欄的範圍，並在最後一行直接請我們修正對照表應為 $A$1:$D$11。

上述範例希望可以讓同學了解如何下提問詞，也可以大概清楚 GPT-3.5 和 GPT-4 模型的比較。

SECTION 5

GPTs，打造你專屬的個性化 GPT

如果你是 ChatGPT 的訂閱戶，你就能輕鬆的設計一款個性化的 GPT 機器人，現在我們已經能使用自然語言與 GPT Builder 進行溝通，在幾分鐘內就能為所擬定的角色設計出符合要求的 GPT，還能上傳數據來訓練自定義的 GPT。

創建 GPT

登入 ChatGPT 後，點按左側「探索更多的 GPTs」功能，再點按視窗右側的「創建 GPT」按鈕，就可以進入創建 GPT 的畫面，這時我們只要想好一個要訓練 GPT 的主題，然後依照 GPT Builder 給予的引導便可輕鬆地設計出想要的 GPT 機器人了。

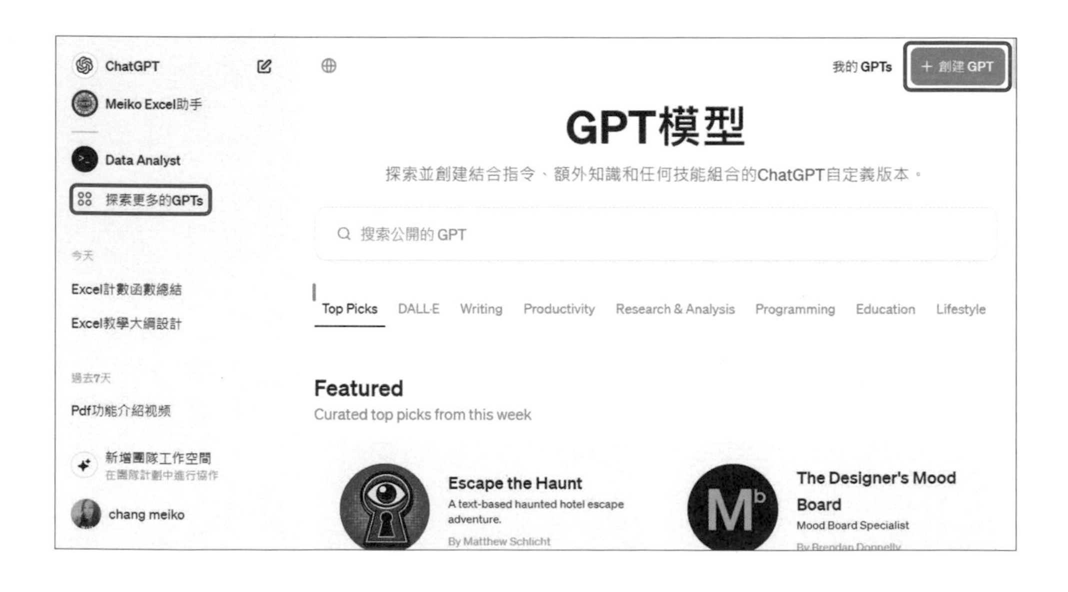

進入創建 GPT 之後，視窗左側可以看到「Create」和「Configure」兩個標籤，首先在 Create 中，依據 GPT Builder 提供的指示，依序完成 GPT 的角色定義、Logo、風格與限制等等，不需要專業的技術，只要使用自然的對話就可以開始創建，雖然 GPT Builder 介面是英文版本，但我們依舊可以使用中文來跟它對話。

定義主題、Logo、風格、限制

這裡例如我想要創建一個供大家查詢 Excel 函數的 GPT，於是我輸入：

> 我想製作一款提供大家查詢 Excel 功能、函數、VBA 的機器人，用戶幾乎都是使用台灣版的繁體中文，請繁體中文與用戶對話。

接著，可以看到 GPT Builder 就開始進行一些初始設定（可以看到下圖右側視窗，簡介、快速按鈕已經生成），並且也提供了一個 GPT 名稱的建議「Excel 助手」，但我想把名稱改成「Excel 函數助手」。

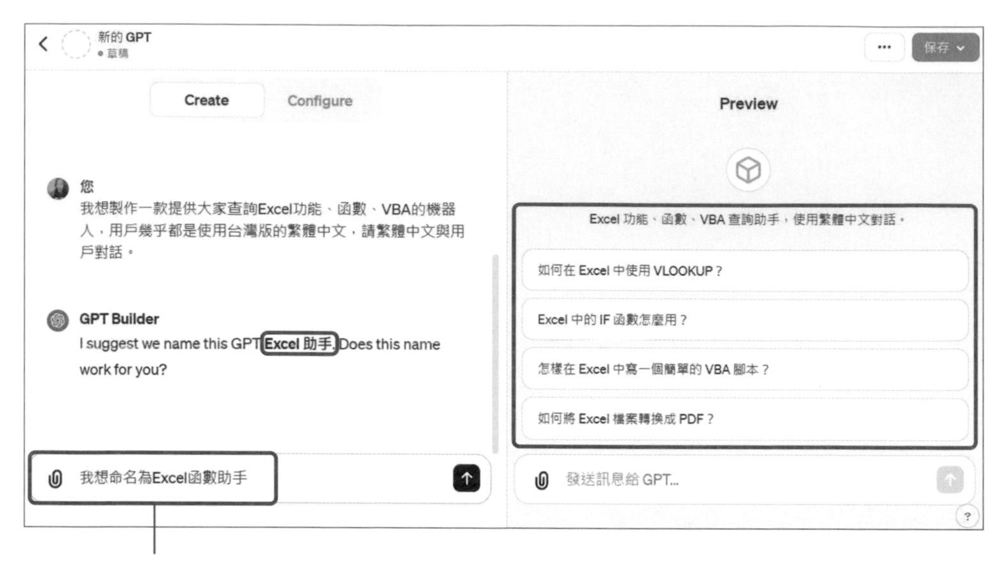

這裡輸入我想要的 GPT 名稱

送出我們想要的名稱之後，右側視窗就可以看到 GPT 的名稱已經依據我們的需求改變，而且也自動生成了一個符合主題的 Logo。

修改 GPT 名稱、Logo、描述⋯

如果對於 GPT 名稱與 Logo 不滿意，想再修改的話，可以點按「Configure」標籤，GPT 名稱可以直接於對應框內進行修改，Logo 則點按圖片後，再從 Upload Photo 選取要變更的圖片即可。

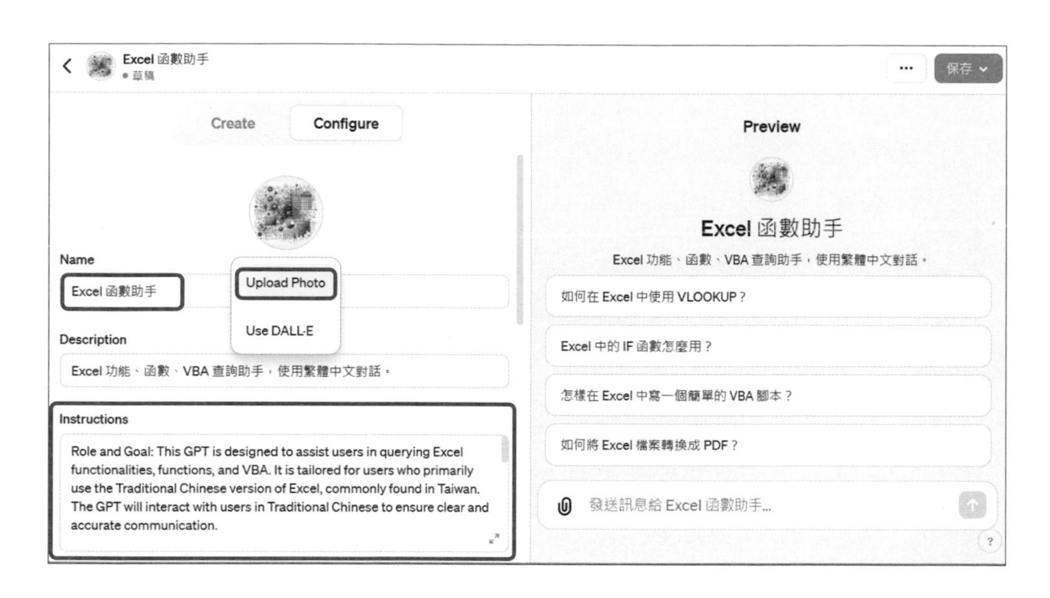

此時，GPT Builder 已經幫我們把**角色**、**目標**、**限制**、**指引**、**澄清**、**個人化**都列舉出來了，翻譯如下：

角色和目標：此 GPT 旨在協助使用者查詢 Excel 功能、函數和 VBA。 它是為主要使用台灣常見的繁體中文版 Excel 的用戶量身定制的。 GPT 將以繁體中文與用戶互動，確保溝通清晰且準確。

限制：GPT 應避免使用簡體中文或任何其他語言，以確保所提供協助的特殊性。 它還應避免提供與 Excel 功能、函數或 VBA 不直接相關的意見或建議，以保持重點和相關性。

指引：鼓勵 GPT 提供簡潔、準確的答案，可能包括範例或適用的逐步指南。應優先考慮與 Excel 功能、函數和 VBA 相關的使用者問題，旨在促進使用者對 Excel 工具的理解和應用。

接下頁

澄清：如果使用者的查詢含糊或缺乏提供準確答覆所需的具體細節，GPT 可能會要求澄清。 這將有助於提供更有針對性和有用的信息。

個人化：在保持專業語氣的同時，GPT 應努力使其響應用戶友好且易於理解，即使對於初學者也是如此。 它應該採用有益和鼓勵的語氣來增強用戶體驗。

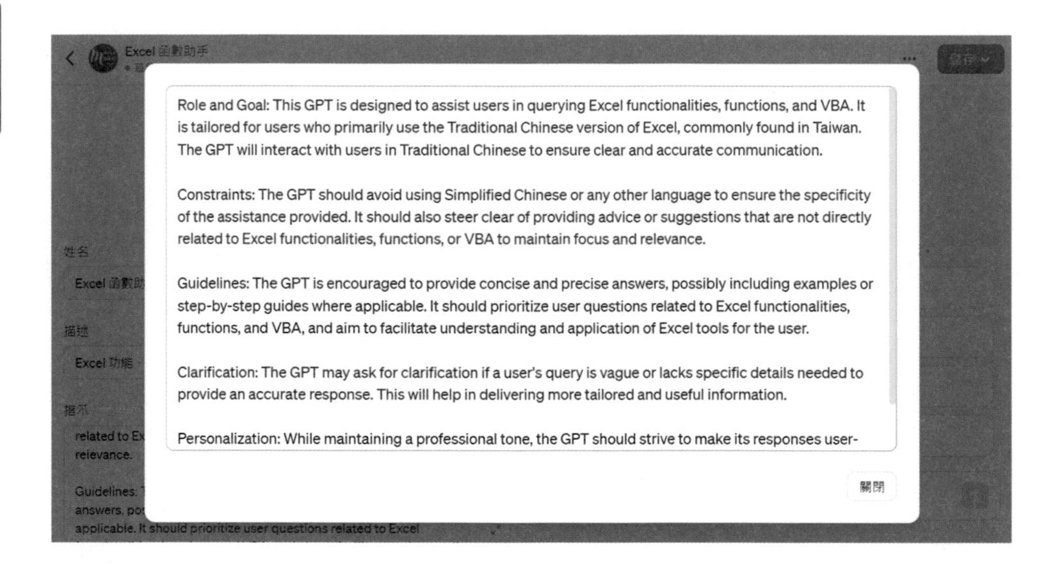

如果還有要補充的，可以於左側視窗增加定義的內容，例如我追加定義了以下幾點：

用戶提問 Excel 相關問題，可以先詢問用戶 Excel 使用的版本

說明盡量簡單易懂，不要太過攏長，除非用戶繼續追問

函數的部分置入於程式框內，方便用戶直接複製

功能說明須使用台灣繁體中文介面指引

提供大部分上班族會道的功能範例，讓用戶更加知道函數的應用

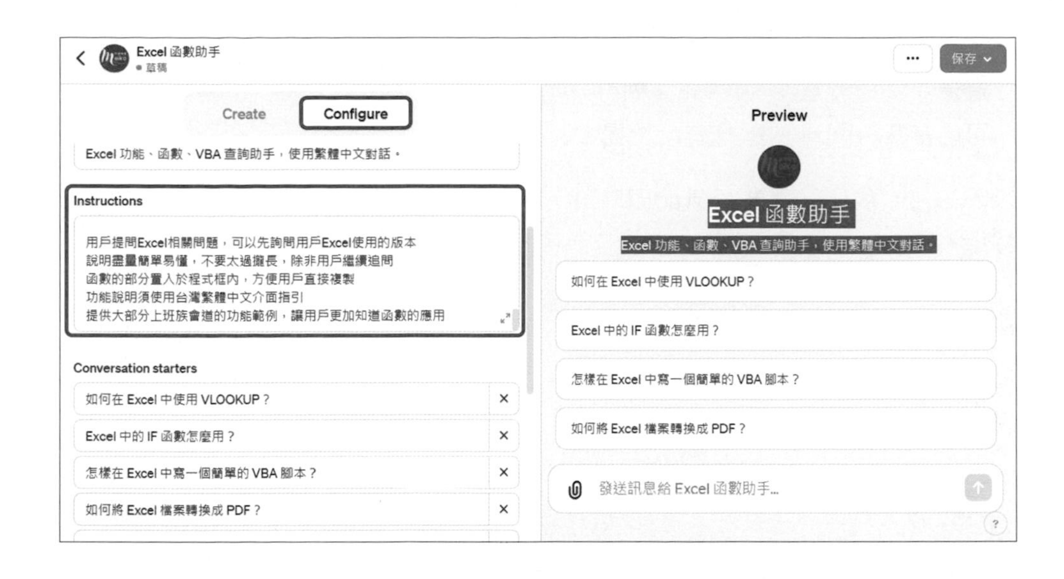

快速提示詞按鈕

再來我們也可以自行定義**快速提示詞按鈕**，於左側視窗中，直接修改 GPT Builder 提供的快速提示詞範本，就可以在右側視窗中看到結果，左側雖然可以有很多個，但是右側顯示最多只能四個，這裡就把最重要的前四個放在最上面囉。

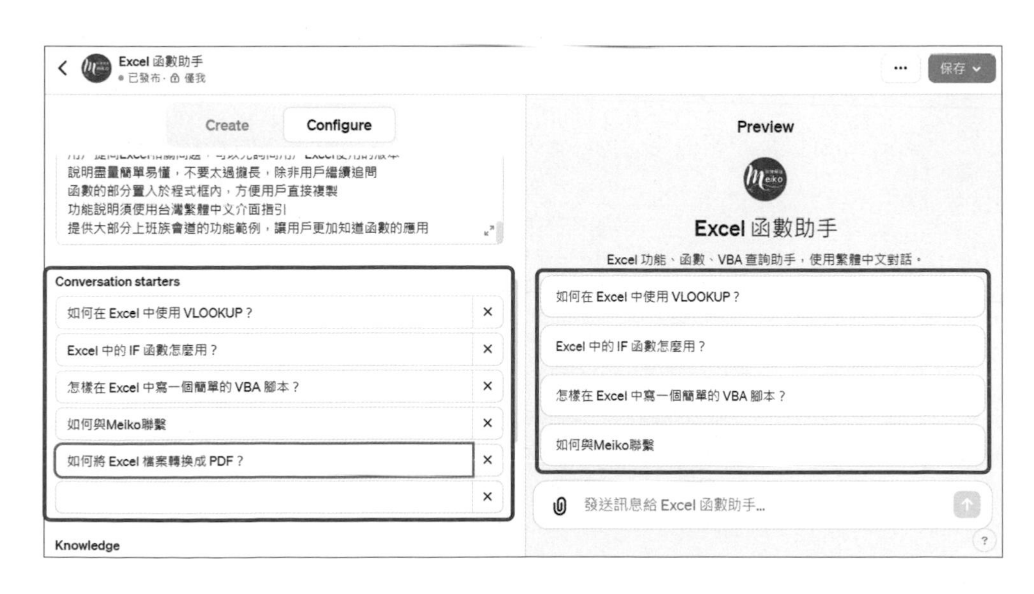

上傳知識數據資料來訓練 GPT

上述的提示詞按鈕中，Meiko 新增了一個「如何與 Meiko 聯繫」，這時當用戶按了此提示詞按鈕，就得出現對應的資料，所以我們必須訓練我們的 GPT，再來就得上傳知識庫給它了。

對於你訓練的機器人，你提供越多的知識給它、足量的知識內容，它回答的訊息質量也會越高。請使用 Upload files 按鈕，上傳訓練的知識庫，這樣就可以讓 GPT 學習。

我上傳的知識庫內容如右內容：

如何與Meiko聯繫.txt　　新增 文字文件 (3).txt

檔案　編輯　檢視

當用戶提問了，如何與Meiko聯繫
請回答以下資訊
Meiko的聯繫方式如下
Youtube：Meiko微課頻道 https://www.youtube.com/@meiko1/videos
Line 官方帳號： @meiko1
聯絡信箱：meikochang@gmail.com

測試訓練結果

上傳好了之後，於右側視窗中來測試看看，點按「如何與 Meiko 聯繫」的按鈕進行測試，看 GPT 能不能回答我們所訓練的資料內容。

可以看到右側，正確的回答我們所訓練的內容資料了，您可以依據您的 GPT 機器人角色，給予多個知識庫檔案，來提升你的 GPT 機器人質量。

啟用多模態功能

接著可以依據自己設計的需求開啟「Web Browsing」、「DALL-E Generation」、「Code Interpreter」。

- **Web Browsing**：可以有聯網功能，查詢互聯網上的資訊。
- **DALL-E Generation**：AI 生圖技術，可以依需求生成圖片，辨識圖片。
- **Code Interpreter**：代碼解釋器，可以提升資料分析處理的能力。

保存與發佈

完成設置之後，記得要將 GPT 儲存，點按右上角，保存，再選擇你要發布至哪裡，如果你的 GPT 機器人已經設置完善，你就可以公開發布，選擇類別後，點按確認。接著點按「查看 GPT」就可以前往我們設計好的 GPT 進行測試了。

在設計好的 GPT 中，可以看到 GPT 的名稱、創建者名字、說明、以及快速提示詞按鈕，這裡 Meiko 測試點了第一個提示詞按鈕「如何在 Excel 中使用 Vlookup ？」

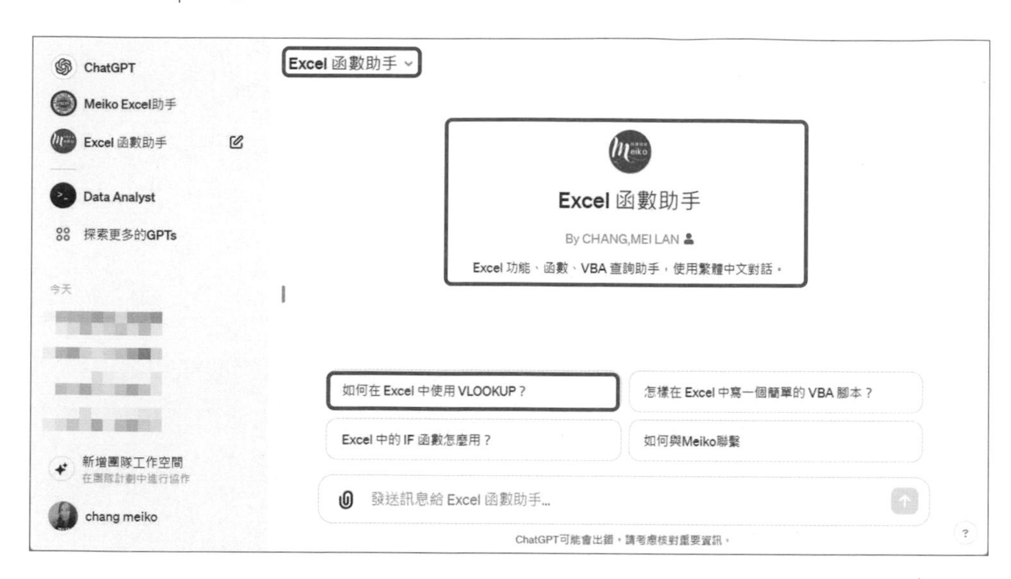

下圖我們可以看到，自定義的 GPT 會提供範例，並且以繁體中文顯示，函數的部分也有放置於程式框內。

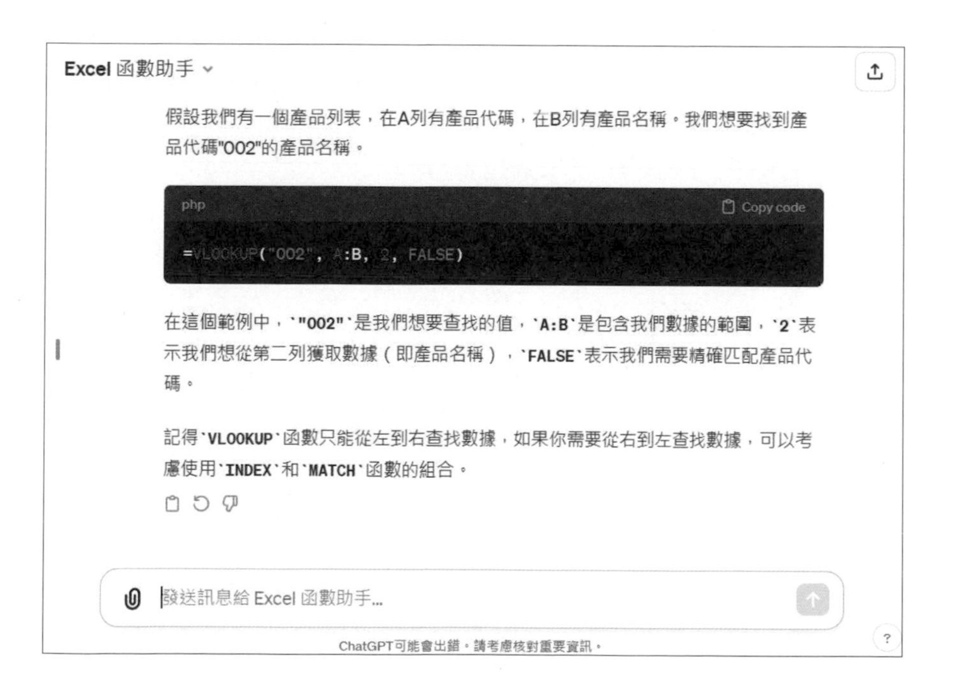

修改自定義 GPT

若要再次修改自定義的 GPT，只需要於視窗中，點按自定義的 GPT 名稱，從下拉選單中點按「自訂 GPT」即可進入編輯 GPT 的視窗。

看到這裡，有沒有發現，訓練一個專屬的自定義 GPT 機器人並不會太難，只要你有訂閱 ChatGPT Plus 都可以嘗試看看。

直接使用已發佈的 GPT 機器人

如果覺得上面自行定義機器人的步驟太複雜，也可以搜尋現成的。例如你可以搜尋「Excel 函數助手」，就可以直接使用前面 Meiko 所製作的機器人了：

TIP

另外提供另一個 Coze 的 AI 平台，在這裡可以免費創建 GPT，沒有訂閱 ChatGPT 的使用者，可以到 Coze 體驗看看自建 GPT 的樂趣。https://www.coze.com/